高职高专通信技术专业系列教材

通信工程施工安全生产操作规范及案例分析

主 编 黎志忠 颜 政 刘 佳

U0378629

西安电子科技大学出版社

内 容 简 介

本书分两部分。第一部分为通信工程施工安全生产操作规范篇，共 10 章，内容基本涵盖了工业与信息产业部发布的《通信建设工程安全生产操作规范》的强制性条文，包括安全生产基本规定、工器具和仪表、器材储运、通信线路工程、通信管道工程、通信设备工程、卫星地球站与微波和移动通信的天馈线工程、通信电源设备工程、综合布线工程、国际通信工程。第二部分为通信工程施工安全事故与案例分析篇，共 4 章，内容包括安全生产事故、安全生产事故调查取证及原因分析、安全生产事故的处理与整改措施、典型案例分析。书末给出了有关安全生产的 7 个附录，供读者参考。

本书可作为高职院校通信专业的教材，也可作为相关行业人员的参考书。

本书采用了大量现场照片并附以文字说明，做到图文并茂，通俗易懂，分类清楚，规范严谨，重点突出。

图书在版编目(CIP)数据

通信工程施工安全生产操作规范及案例分析 / 黎志忠，颜政，刘佳主编. — 西安：西安电子科技大学出版社，2020.9(2024.8 重印)
ISBN 978-7-5606-5834-6

Ⅰ. ①通… Ⅱ. ①黎… ②颜… ③刘… Ⅲ. ①通信工程－施工管理－安全管理
Ⅳ. ①TN91

中国版本图书馆 CIP 数据核字(2020)第 167255 号

策　　划　杨丕勇
责任编辑　杨丕勇
出版发行　西安电子科技大学出版社(西安市太白南路 2 号)
电　　话　(029)88202421　88201467　　　邮　　编　710071
网　　址　www.xduph.com　　　　　　电子邮箱　xdupfxb001@163.com
经　　销　新华书店
印刷单位　西安日报社印务中心
版　　次　2020 年 9 月第 1 版　　2024 年 8 月第 4 次印刷
开　　本　787 毫米×1092 毫米　1/16　印　张　12.5
字　　数　292 千字
定　　价　32.00 元
ISBN　978-7-5606-5834-6
XDUP 6136001-4
***** 如有印装问题可调换 *****

前　言

本书依据《中华人民共和国安全生产法》《建设工程安全生产管理条例》及相关法律、法规和行业标准、规定和工业与信息产业部《通信建设工程安全生产操作规范》，结合当前通信行业大量新技术、新设备、新工艺的广泛运用以及施工生产环境的变化和开展国际通信工程项目生产的需要编写而成。本书通过详实的事故案例分析和总结，使读者更好地了解和掌握安全生产的要点及技能，本书还对事故的应急救援措施进行了介绍。

本书分为"通信工程施工安全生产操作规范篇"和"通信工程施工安全事故与案例分析篇"两部分，共 14 章。主要内容包括安全生产基本规定、工器具和仪表、器材储运、通信线路工程、通信管道工程、通信设备工程、卫星地球站与微波和移动通信的天馈线工程、通信电源设备工程、综合布线工程、国际通信工程以及安全生产事故、安全生产事故调查取证及原因分析、安全生产事故的处理与整改措施、典型案例分析。书后给出了 7 个附录，供读者阅读本书时参考。本书编写目的是为了使通信工程施工人员牢固树立"以人为本、安全发展"的理念，贯彻"安全第一、预防为主、综合治理"的方针，进一步加强安全生产工作，有效防范通信建设工程施工生产的安全事故，保护人员和财产安全，确保通信系统的正常运行，促进通信建设事业发展。要强化底线思维和红线意识，时刻紧绷安全生产这根弦，在思想上要极端重视，在行动上要高度自觉。

通过学习本书，读者可掌握基本通信工程施工安全操作规范，掌握预防安全隐患的基本知识，杜绝事故发生，消除隐患；同时学习相关法律法规，做一个知法懂法好公民。

编　者

2020 年 7 月

目　录

第一部分　通信工程施工安全生产操作规范篇

第一章　安全生产基本规定 2

一、施工安全管理 2

二、一般安全生产要求 5

三、施工现场应急预案 6

四、施工现场安全 6

五、施工驻地安全 7

六、施工车辆交通安全 8

七、施工现场防火 8

八、野外作业安全 9

九、用电安全 10

十、通信工程施工监理安全监督要求 10

思考题 11

第二章　工器具和仪表 12

一、常用工器具 12

二、工器具使用的一般要求 12

三、梯子和高凳 14

四、安全带 14

五、动力机械设备 16

六、手动机具 25

七、手持式电动工具 27

八、仪表 28

思考题 29

第三章　器材储运 30

一、一般安全规定 30

二、装运杆材 31

三、搬运光(电)缆 31

四、搬运化学品和危险品 32

思考题 32

复习题一 33

第四章　通信线路工程 36

一、安全管理一般要求 36

二、架空线路 38

三、直埋线路 44

四、敷设管道光(电)缆 46

五、气吹敷设光缆 47

六、水底光(电)缆 47

七、高速公路线路 49

八、墙壁光(电)缆 49

九、线路终端设备安装 50

思考题 50

第五章 通信管道工程 51

一、一般安全要求 51

二、测量划线 52

三、土方作业 53

四、钢筋加工 54

五、模板、挡土板 55

六、混凝土 55

七、铺管和导向钻孔 55

八、砖砌体 57

九、管道试通 58

思考题 58

复习题二 59

第六章 通信设备工程 67

一、一般安全要求 67

二、铁件加工和安装 69

三、安装机架和布放线缆 71

四、设备加电测试 72

思考题 74

第七章 卫星地球站与微波和移动通信天馈线工程 75

一、卫星地球站的天馈线安装 75

二、微波和移动通信天馈线的安装 78

三、上塔作业 80

四、网络规划优化 80

思考题 81

第八章 通信电源设备工程 82

一、布线和汇流排安装 82

二、发电机组的安装 84

三、交/直流供电系统 87

四、蓄电池和太阳能电池 89

五、接地装置和防雷 91

六、电源设备割接和更换 94

思考题 95

第九章　综合布线工程 96

一、槽道(桥架)安装和布线 96

二、微波中继站和移动通信基站的消防及防盗系统布线 99

思考题 99

第十章　国际通信工程 100

一、施工安全一般要求 100

二、疾病防治 100

三、交通安全防范 101

四、施工现场和驻地治安 102

思考题 102

第二部分　通信工程施工安全事故与案例分析篇

第一章　安全生产事故 104

一、安全生产事故概念 104

二、生产安全事故调查的原则及程序 104

三、事故调查的组织 108

第二章　安全生产事故调查取证及原因分析 109

一、事故的调查取证 109

二、事故的原因分析 110

第三章　安全生产事故的处理与整改措施 111

一、事故性质的认定 111

二、事故责任的划分 112

三、事故教训及整改措施 113

四、安全教育与培训 113

思考题 115

第四章　典型案例分析 116

一、管道人孔内的毒气毒死两人事故 116

二、架设光缆钢绞线触及电力高压线事故 117

三、电缆皮破裂导致触电事故 118

四、土方坍塌事故 120

　　五、倒塔事故 ……………………………………………… 125
　　六、高处坠落 ……………………………………………… 129
　　七、气体中毒事故 ………………………………………… 130

附录 ………………………………………………………… 134
　　附录一　安全标志 ………………………………………… 134
　　附录二　高处作业分级 …………………………………… 137
　　附录三　急救常识 ………………………………………… 140
　　附录四　中华人民共和国安全生产法 …………………… 146
　　附录五　建设工程安全生产管理条例 …………………… 160
　　建设工程安全生产管理条例 ……………………………… 160
　　附录六　特种作业人员安全技术培训考核管理规定 …… 169
　　附录七　中华人民共和国职业病防治法 ………………… 180

第一部分

通信工程施工安全生产操作规范篇

第一章　安全生产基本规定

一、施工安全管理

施工单位应建立、健全安全生产责任制，按照相关规定设置安全生产管理机构，配备专职安全生产管理人员，制定完备的安全生产规章制度、操作规程和专项应急预案。应确保安全生产所必需的资金投入，并根据不同的专业向施工人员提供必需的劳动安全防护用品、用具，保障施工人员的生命和财产安全，防止安全事故的发生。

1. 通信建设单位安全管理职责

1) 建设单位的安全生产责任

建立健全通信工程安全生产管理制度，制定生产安全事故应急救援预案并定期组织演练。

工程概预算应当明确建设工程安全生产费用，不得打折，工程合同中应明确支付方式、数额及时限。对安全防护、安全施工有特殊要求需增加安全生产费用的，应结合工程实际单独列出增加项目及费用清单。

工程开工前，应当就落实保证生产安全的措施进行全面系统的布置，明确相关单位的安全生产责任。

不得对勘察、设计、施工及监理等单位提出不符合工程安全生产法律、法规和工程建设强制性标准规定的要求，不得压缩合同约定的工期。

不得明示或者暗示施工单位购买、租赁、使用不符合安全施工要求的安全防护用具、机械设备、施工机具及配件、消防设施和器材。

2) 勘察、设计单位的安全生产责任

勘察单位应当按照法律、法规和工程建设强制性标准进行勘察，提供的勘察文件应当真实、准确，满足通信建设工程安全生产的需要。在勘察作业时，应当严格执行操作规程，采取措施保证各类管线、设施和周边建筑物、构筑物的安全。对有可能引发通信工程安全隐患的灾害提出防治措施。

设计单位应当按照法律、法规和工程建设强制性标准进行设计，防止因设计不合理导致生产安全事故的发生。

设计单位应当考虑施工安全操作和防护的需要，对涉及施工安全的重点部位和环节在设计文件中注明，对防范生产安全事故提出指导意见，并在设计交底环节就安全风险防范措施向施工单位进行详细说明。

采用新结构、新材料、新工艺的建设工程和特殊结构的建设工程，设计单位应当在设计中提出保障施工作业人员安全和预防生产安全事故的措施建议。

设计单位编制工程概预算时，必须按照相关规定全额列出安全生产费用。

3) 施工单位的安全生产责任

施工单位应当设置安全生产管理机构，配备专职安全生产管理人员，建立健全安全生产责任制，制定安全生产规章制度和各通信专业操作规程，建立生产安全事故应急救援预案并定期组织演练。

建立健全安全生产教育培训制度。单位主要负责人、项目负责人和专职安全生产管理人员(以下简称安管人员)必须具备与本单位所从事的生产经营活动相应的安全生产知识和管理能力，并应当由通信主管部门对其安全生产知识和管理能力考核合格。

对本单位所有管理人员和作业人员每年至少进行一次安全生产教育培训，保证相关人员具备必要的安全生产知识，熟悉有关的安全生产规章制度和操作规程，掌握本岗位的安全操作技能，了解事故应急处理措施，知悉自身在安全生产方面的权利和义务。未经安全生产教育培训合格的人员不得上岗作业。同时，建立教育和培训情况档案，如实记录安全生产教育培训的时间、内容、参加人员以及考核结果等情况。

使用被派遣劳动者的，应当将被派遣劳动者纳入本单位从业人员统一管理，应对被派遣劳动者进行岗位安全操作规程和安全操作技能的教育和培训。

严格按照工程建设强制性标准和安全生产操作规范进行施工作业。按照国家规定配备安全生产管理人员，施工现场应由安全生产考核合格的人员对安全生产进行监督。工程施工前，项目负责人应组织施工安全技术交底，对施工安全重点部位和环节以及安全施工技术要求和措施向施工作业班组、作业人员进行详细说明，并形成交底记录，由双方签字确认。

建立健全内部安全生产费用管理制度，明确安全费用提取和使用的程序、职责及权限，保证本单位安全生产条件所需资金的投入。

作业人员进入新的岗位或者新的施工现场前，应当接受安全生产教育培训，未经教育培训或者教育培训考核不合格的人员，不得上岗作业。采用新技术、新工艺、新设备、新材料时，应当对作业人员进行相应的安全生产教育培训。登高架设作业人员、电工作业人员等特种作业人员，必须按照国家有关规定经过专门的安全作业培训，并取得特种作业操作资格证书后，方可上岗作业。

应当向作业人员提供安全防护用具和安全防护服装，并书面告知危险岗位的操作规程和违章操作的危害。井下、高空、用电作业时必须配备有害气体探测仪、防护绳、防触电等用具。

在施工现场入口处、施工起重机械、临时用电设施、出入通道口、孔洞口、人井口、铁塔底部、有害气体和液体存放处等部位，设置明显的安全警示标志。安全警示标志必须符合国家规定。

在有限空间安全作业，必须严格实行作业审批制度，严禁擅自进入有限空间作业；必须做到"先通风、再检测、后作业"，严禁通风、检测不合格作业；必须配备个人防中毒窒息等防护装备，设置安全警示标志，严禁无防护监护措施作业；必须制定应急措施，现场配备应急装备，严禁盲目施救。

建立健全生产安全事故隐患排查治理制度，采取技术、管理措施，及时发现并消除事故隐患。事故隐患排查治理情况应当如实记录，并向从业人员通报。

依法参加工伤社会保险，为从业人员缴纳保险费，为施工现场从事危险作业的人员办理意外伤害保险。国家鼓励投保安全生产责任保险。

4) 监理单位的安全生产责任

监理单位和监理人员应当按照法律、法规、规章制度、工程建设强制性标准及监理规范实施监理，并对建设工程安全生产承担监理责任。

监理单位应完善安全生产管理制度，建立监理人员安全生产教育培训制度；单位主要负责人、总监理工程师和安全监理人员须具备与本单位所从事的生产经营活动相应的安全生产知识和管理能力，未经安全生产教育和培训合格，不得上岗作业。

监理单位应当按照工程建设强制性标准及相关监理规范的要求编制含有安全监理内容的监理规划和监理实施细则，项目监理机构应配置安全监理人员。

监理单位应当审查施工组织设计中的安全技术措施和危险性较大的分部分项工程安全专项施工方案是否符合工程建设强制性标准和安全生产操作规范，并对施工现场安全生产情况进行巡视检查。

监理单位在实施监理过程中，发现存在安全事故隐患的，应当要求施工单位整改；对情况严重的，应当要求施工单位暂时停止施工，并及时向建设单位报告。施工单位拒不整改或者不停止施工的，工程监理单位应当及时向有关主管部门报告。

2. 施工单位安全管理组织机构及人员配置

根据《建筑施工企业安全生产管理机构设置及专职安全生产管理人员配备办法》(建质【2008】91 号)的规定设置负责安全生产监督管理工作的独立部门，勘察设计单位、施工单位、监理单位等生产单位应当明确安全生产管理部门；安全生产管理机构的设置应与单位的生产经营规模相适应。

各项目部应成立安全生产领导小组。通信建设工程实行施工总承包的，安全领导小组由总承包单位的项目经理、项目技术负责人、项目安全负责人及专业承包单位和劳务分包单位的项目经理等组成；各项目部应根据实际生产情况设立负责安全生产的监督管理部门。

施工单位和项目专职安全生产管理人员的配置标准应按照《建筑施工企业安全生产管理机构设置及专职安全管理人员配备办法》(建质【2008】91 号)中的规定并应根据单位经营规模、生产需要和危险源等特点予以适当调增。专职安全生产管理人员配置标准见表1-1-1。

表 1-1-1　专职安全生产管理人员配置标准

单　　　位		配备标准
建设总承包	特级资质单位	不少于 6 人
	一级资质单位	不少于 4 人
	二级资质单位	不少于 3 人
总承包项目经理部	线路管道、设备安装按合同价 5000 万元以下	不少于 1 人
	5000 万~1 亿元	不少于 2 人
	1 亿元及以上	不少于 3 人，并按专业配置专职安全生产管理人员
劳务分包单位项目经理部	施工人员在 50 人以下	不少于 1 人
	50~200 人	不少于 2 人
	200 人以上	不少于 3 人

各施工单位分公司、区域公司等较大的分支机构应设立独立的安全生产监督管理部门，并根据实际生产情况配置不少于 2 人的专职安全生产管理人员。

二、一般安全生产要求

1. 施工人员的要求

施工单位的主要负责人、工程项目负责人和安全生产管理人员必须具备与本单位所从事施工生产经营活动相适应的安全生产知识和管理能力，应当经通信行业主管部门考核合格后方可任职。施工单位应保证所有参加工程项目的人员必须经过培训，并考核合格。其生产安全教育培训情况应记入个人工作档案。经安全生产教育培训考核不合格的人员，不得上岗。

企业主要负责人、工程项目负责人和专职安全员应对建设工程项目的安全施工负责。企业必须落实安全生产责任制度、安全生产规章制度和安全操作规程，确保安全生产费用的有效使用，并根据各工程施工的特点组织制定安全施工措施，消除安全事故隐患。当发生安全事故时，应及时、如实地报告。

安全生产管理人员应当根据本单位的生产经营特点，对安全生产状况进行经常性检查。对检查中发现的安全问题，应当立即处理。不能立即处理时应当及时报告本单位有关负责人。检查及处理情况应当记录在案。

施工人员在作业过程中，应当严格遵守本单位的安全生产规章制度和操作规程，服从管理，自觉接受安全生产教育和培训，掌握本岗位所需的安全生产知识和操作规程，提高安全生产技能，增强事故预防和应急处理能力。

当发现事故隐患或其他不安全因素时，施工人员应立即向现场安全生产管理人员或本单位负责人报告，接到报告的人员应当及时予以处理。

施工人员有权了解作业场所和工作岗位存在的危险因素、防范措施及事故应急措施；有权对本单位的安全生产工作提出建议；有权对本单位的安全生产工作中存在的问题提出批评、检举、控告；有权拒绝违章指挥和强令冒险作业。当发现直接危及人身安全的紧急情况时，有权停止作业或者在采取可能的应急措施后撤离作业现场。

工程项目施工必须实行安全技术逐级交底制度，纵向延伸到全体作业人员。安全技术交底必须具体明确，应将工程概况、施工方法、施工程序、安全技术措施等向施工队长、班组长、作业人员进行详细交底，并书面记录。交底记录应按要求归档。

2. 安全技术交底的主要内容

(1) 工程项目的施工作业特点和危险因素；
(2) 针对危险因素制定的具体预防措施；
(3) 相应的安全操作规程和标准；
(4) 在施工生产中应注意的安全事项；
(5) 发生事故后应及时采取的应急措施。

3. 正确穿戴使用劳保用品及进行岗前培训

施工人员在施工生产过程中，必须按照国家规定和不同的专业需要，正确穿戴和使用相应的劳动保护用品。从事特殊工种的作业人员在上岗前，必须进行专门的安全技术和操作技能的培训和考核，并经培训考核合格，取得《特种作业人员操作证》后方可上岗。

三、施工现场应急预案

施工单位常常存在重大危险源和事故风险，故应根据施工现场情况编制应急预案。

1. 施工现场应急预案的编制原则

现场应急预案是在本单位制定的专项预案的基础上，根据工程的具体情况而编制的。

现场应急预案应针对某一具体场所的特殊危险及周边环境情况，在详细分析的基础上，对应急救援中的各个方面作出具体、周密而细致的安排。

编制现场预案应结合实际，针对性要强，对现场具体救援活动具有指导性和可操作性。

2. 施工现场应急预案的编制内容

(1) 对现场存在的重大危险源和潜在事故危险性质进行预测和评估；

(2) 确定现场应急组织的机构、职责、任务；

(3) 制定现场预防性措施；

(4) 明确报警、通信联络的电话、对象和步骤；

(5) 制定应急响应时现场员工和其他人员的行为规定。

施工现场应急预案编制后，应组织人员进行培训和演练。

所有现场人员应熟悉报警步骤，以确保能尽快采取措施，控制事故的发展。

3. 施工现场应急救援

(1) 施工现场发生交通事故、触电、火灾、落水、人员高处坠落等事故，现场人员应立即抢救伤员，同时应向上级应急救援组织和当地医疗、消防、交通及相关部门报警。

(2) 施工现场发生电路阻断、电源短路，造成设备损坏或使在运行设备发生停机事故，现场负责人应立即向建设单位(顾客)和项目经理(项目负责人)报告，按照应急预案要求，尽快恢复。

(3) 发生任何事故，必须及时逐级上报。报告的内容应包括事故发生的单位、时间、地点、简要的事故经过、伤亡人数、财产损失情况和已采取的应急措施等。报告人应适时作出书面记录。

(4) 项目负责人接到事故报告后，应迅速采取有效措施，积极组织救护、抢险，减少人员伤亡和财产损失，防止事故继续扩大，并立即报告安全生产主管部门或上级应急指挥中心。

(5) 对重伤及死亡事故，必须保护好现场，不得破坏与事故有关的物体、痕迹、状态。为抢救伤员需移动现场物体时，必须做好标记，未经批准，任何人不得擅自清理或破坏现场。

四、施工现场安全

(1) 在城镇的下列地点作业时，应根据有关规定设立明显的安全警示标志、防护围栏等安全设施和设置警戒人员。必要时应搭设临时便桥等设施，并设专人负责疏导车辆、行人或请交通管理部门协助管理。

① 街巷拐角、道路转弯处、交叉路口；

② 有碍行人或车辆通行处；

③ 在跨越道路架线、放缆需要车辆临时限行处；

④ 架空光(电)缆接头处及两侧；

⑤ 挖掘的坑、洞、沟处；

⑥ 打开井盖的人(手)孔处；

⑦ 跨越十字路口或在直行道路中央施工区域两侧。

(2) 安全警示标志和防护设施应随工作地点的变动而转移，作业完毕应及时撤除，清理干净。

(3) 施工需要阻断道路通行时，应事先取得当地有关单位和部门批准，并请求配合。

(4) 在公路、高速公路、铁路、桥梁、通航的河道、市区等特殊地段施工时，应使用有关部门规定的警示标志，必要时派专人警戒看守。

(5) 施工作业区内严禁一切非工作人员进入。严禁非作业人员接近和触碰正在施工运行中的各种机具与设施。

(6) 在城镇和居民区内施工使用发电机、空压机、吹缆机、电锤、电锯、破碎锤(炮)等有噪声扰民时，应采取防止和减轻噪声扰民措施，并按照在相关部门规定时间内施工。需要在夜间施工的或在禁止时间内施工的，应报请有关单位和部门同意、批准。

(7) 施工现场有两个以上施工单位交叉作业时，建设单位应明确各方的安全职责，对施工现场实行统一管理。

(8) 在通信机房作业时，应遵守通信机房的管理制度，严禁在机房内饮水、吸烟。应按照指定地点设置施工的材料区、工器具区、剩余料区。钻膨胀螺栓孔、开凿墙洞应采取必要的防尘措施。机房设备扩容、改建工程项目需要动用正在运行设备的缆线、模块、电源接线端子等时，须经机房值班人员或随工人员许可，严格按照施工组织设计方案实施，本班施工结束后应检查动用设备运行是否正常，并及时清理现场。

五、施工驻地安全

(1) 施工驻地设置的工器具、器材库房，应执行有关库房管理要求和有防潮、防雨、防火、防盗措施，并指定专人负责。入库的工器具、器材，应认真检测、检验，保证工器具、器材完好。

(2) 施工驻地临时搭建的员工宿舍、办公室、仓库必须安全、牢固、美观，符合消防安全规定，不得使用易燃材料搭设。临时搭建的生活设施不得靠近电力设施，应保证与高压架空电线的水平距离大于 6 m。施工驻地应按规定配备消防设施。员工不得在宿舍擅自安装电源线和使用违规电器。

(3) 临时宿舍内必须设置安全通道。通道宽度不小于 0.9 m，每间宿舍居住人员不得超过 15 人。宿舍内应设置单人铺，床铺宜高出地面 0.3 m，面积不小于 1.9 m×0.9 m，床铺间距不得小于 0.3 m，床铺的搭设不得超过 2 层。

(4) 宿舍内应设置生活用品专柜，生活用品摆放整齐。宿舍必须设置可开启式窗户，保持室内通风。宿舍夏季应有防暑降温措施，冬季应有取暖和防煤气中毒的措施。生活区必须保持清洁卫生，定期清扫和消毒。

(5) 应定期对住宿人员进行安全、治安、消防、卫生防疫、环境保护等法律、法规教育。

(6) 施工驻地临时食堂应有独立的制作间，配备必要的排风和消毒设施。施工驻地临时食堂应严格执行食品卫生管理的有关规定，炊事人员应有身体健康证，上岗应穿戴洁净的工作服、工作帽，并保持个人卫生。

(7) 食堂用液化气瓶必须严格按照下列规定使用：

① 不得靠近火源、热源和暴晒；

② 冬季液化气瓶严禁火烤和开水加热(只可用 40℃以下温水加热)；

③ 禁止自行倾倒残液，防止发生火灾和爆炸；

④ 严禁剧烈振动和撞击；

⑤ 液化瓶内气体不得用尽，应留一定余气；

⑥ 购置液化气体时必须到当地政府指定的供应站购买。

六、施工车辆交通安全

(1) 必须建立、健全车辆、驾驶员管理制度和档案。选聘施工车辆驾驶员，应严格考察其素质，必须具有熟练的驾驶技术。

(2) 驾驶员必须遵守交通法规。驾驶车辆应注意交通标志、标线，保持安全行车距离，不强行超车，不疲劳驾驶，不酒后开车，不开故障车。严禁将机动车辆交给无驾驶执照人员驾驶。

(3) 车辆不得客货混装或超员、超载、超速。车辆行驶时，乘坐人员应注意沿途的电线、树枝及其他障碍物，不得将肢体露于车厢外。待车辆停稳后方可上下车。

(4) 工程项目施工期间租用车辆应与车主签订《租车协议》，明确双方安全责任和义务。

(5) 施工人员使用自行车和三轮车时，应经常检查刹车和牢固情况。骑车时，不得肩扛、手提物件或携带梯子及较长的杆棍等物。

七、施工现场防火

(1) 在光(电)缆进线(地下)室、水线房、无(有)人站、以及木工场地、机房、材料库等处施工时，应制定防火安全措施。

(2) 消防器材设置地点应便于取用，分布位置合理。使用方法必须明示，必要时进行示范，做到人人会用。消防设施不得被遮挡，消防通道不得堵塞。

(3) 配制的消防器材必须在有效期内，过期的消防器材必须及时处理。

(4) 电气设备着火时，应首先切断电源，必须使用干粉灭火器，严禁使用水和泡沫灭火器。

(5) 在封闭和特殊要求的施工场所严禁吸烟。

(6) 易燃、易爆的化学危险品和压缩可燃气体容器等，应当按其性质分类放置并保持安全距离。

(7) 废弃的易燃、易爆化学危险物料应当按照相关部门的规定及时清除。

(8) 机房内施工不得使用明火。需要用明火时应经相关单位部门批准，落实安全防火措施，并在指定的地点、时间内作业。每天施工结束后必须认真清理现场，消除火种。

(9) 使用灯泡照明时不得靠近可燃物。使用后未冷却的电烙铁、热风机不得随意丢放。

(10) 在室内进行油漆作业时，必须保持通风良好，照明灯具应使用防爆灯头，室内禁止明火。

八、野外作业安全

(1) 作业人员在野外施工作业时，必须按照国家有关部门关于安全和劳动保护的规定，正确配戴安全防护和劳动保护用品。

(2) 在炎热或寒冷、冰雪天气施工作业时应采取防暑或防寒、防冻、防滑措施。当地面被积雪覆盖时，应用棍棒试探前行。遇有强风、暴雨、大雾、雷电、冰雹、沙尘暴等恶劣天气时，应停止露天作业。雷雨天不得在电杆、铁塔、大树、广告牌下躲避。

(3) 勘测复测管线路由时，应对沿线情况进行地理、环境等综合调查，将管线路走向所遇到的河流、铁路、公路、穿跨越其他线路等进行详细记录，熟悉线路环境，辨识和分析危险源，制定相应的预防和安全控制措施。

(4) 砍伐树木作业时：

① 砍伐人员必须选择在安全可靠的位置；

② 在道路旁砍伐树木时，必须在树木周围设置安全警示标志，并设专人指挥行人和车辆通行；

③ 遇树上有毒蜂或毒蛇等动物时，砍伐前应采取清除措施；

④ 风力在 5 级以上时，不得砍伐树木。

(5) 在水田、泥沼中施工作业时应穿长筒胶鞋，预防蚂蟥、血吸虫、毒蛇等叮咬。野外作业应备有防毒及解毒药品。

(6) 在滩涂、湿地及沼泽地带施工作业时，应注意有无陷入泥沙中的危险。

(7) 在山区和草原施工作业时：

① 在山岭上不得攀爬有裂缝、易松动的地方或不稳固的石块；

② 在林区、草原或荒山等地区作业时，严禁烟火。需动用明火时，应征得相关部门同意，同时必须采取严密的防范措施；

③ 应熟悉工作地区环境，在有毒的动、植物区内施工时，应采取戴防护手套、眼镜、绑扎裹腿等防范措施；

④ 在已知有野兽经常出没的地方行走和住宿时，应特别注意防止野兽的侵害；夜晚查修线路障碍时，要有两人以上并携带防护用具或请当地相关人员协助；

⑤ 不要触碰或玩弄猎人设置的捕兽陷阱或器具；不要食用不知名的野果或野菜；不要喝生水；

⑥ 严禁在有塌方、山洪、泥石流危害的地方和高压输电线路下面架设帐篷及搭建简易住房。

(8) 在铁路沿线施工作业时：

① 严禁在铁轨、桥梁上坐卧；

② 严禁在铁轨或双轨中间行走；

③ 携带较长的工具、材料在铁路沿线行走时，所携带的工具、材料要与路轨平行，并注意避让；跨越铁路时，必须注意铁路的信号灯和来往的火车。

(9) 穿越江河、湖泊水面施工作业时：

① 遇有河流，在未弄清河水的深浅时，不得涉水过河；需要涉渡时，应以竹竿试探前进，严禁泅渡过河；

② 在江河、湖泊及水库等水面上作业时，应配置与携带必要的救生用具，作业人员必须穿好救生衣，听从统一指挥。

(10) 进入高原地区作业时：

① 对进入高原地区施工人员应进行体格检查，不得派遣不宜进入高原的人员进入高原施工；

② 组织进入高原的施工作业人员学习高原防病知识，了解高原反应的注意事项，提高自我防范意识，消除对高原的恐惧心理，增强对高原环境的适应能力；

③ 应预备氧气和防治急性高原病的药物；

④ 出现比较严重的高山反应症状时，应立即撤离到海拔较低的地方或去医院医治；

⑤ 应穿戴防紫外线辐射的防护用品。

九、用电安全

(1) 施工现场用电，应采用三相五线制的供电方式。用电应符合三级配电结构。即由总配线箱(配线室内的配线柜)经分配电箱(负荷或用电设备相对集中处)，到开关箱(用电设备处)。分三个层次逐级配送电力，做到一机(施工机具)一箱。

(2) 施工现场用的各种电器设备必须按规定采取可靠的接地保护，并应由电工专业人员负责电源线的布放和连接。

(3) 施工现场用电线路必须按规范架设，应采用绝缘护套导线。

(4) 电动工具的绝缘性能、电源线、插头和插座应完好无损，电源线不应任意接长或更换。维修和检查时应由专业人员负责。

(5) 检修各类配电箱、开关箱、电器设备和电力工具时，必须切断电源。在总配线箱或者分配线箱一侧悬挂"检修设备请勿合闸"警示标牌，必要时设专人看管。

十、通信工程施工监理安全监督要求

(1) 监理工程师应检查承包单位施工组织设计(方案)中的安全技术措施及安全生产操作规程，看是否符合工程建设强制性标准和本规范的规定。对不符合要求的应提出整改意见。

(2) 监理工程师应督促承包单位在开工前按照组织设计(方案)中的安全技术措施及安全生产操作规程，落实各工序的现场安全防护措施。

(3) 工程开工前，监理工程师应严格检查承包单位特殊工种施工人员的作业证书，如电工、焊工以及高处作业等工种必须要求持证上岗。

(4) 监理单位应检查承包单位使用的机械设备和施工机具及配件，机具性能应完好。施工现场使用的安全警示标志必须符合相关规定。

(5) 当发生安全事故时，总监理工程师应发出事故通知和工程暂停令，并及时向建设单位或相关部门报告。监理工程师应督促施工单位采取措施防止事故继续蔓延、扩大，保护好事故现场。

(6) 工程开工前应督促承包单位对与本工程有关的原有设施进行调查和了解，确保施工过程中不对原有的设施造成损害。当施工作业可能对毗邻设备、管线等造成损害时，监理工程师应要求承包单位采取有效的防护措施。

(7) 管线工程施工时，当与其他光、电缆交越或与电力线路同杆架设时，监理工程师必须旁站监理，并严格要求施工单位按照相关要求进行施工。

(8) 通信设备安装前，监理工程师应查验机房的荷载、消防、抗震和接地电阻值应符合相关规范的要求。

(9) 在运行中的通信设备机架内或设备旁侧进行安装作业时，监理工程师应督促承包单位提前制定带电作业的安全防护措施。在安装施工过程中，操作人员必须带防静电的手环，手环接地良好。监理人员应旁站监督，防止安全事故的发生。机房维护人员应配合施工。

(10) 施工人员在进行高处作业过程中，监理工程师应要求承包单位对施工现场进行圈围，禁止非施工人员进入。遇有恶劣气候影响施工安全时，严禁承包单位人员在高处施工作业。

(11) 对于有割接工作的项目，应要求施工单位申报详细割接方案并经总监理工程师审核后，报建设单位批准。由建设单位、监理单位、施工单位共同实施，切实保证割接工作的安全。

(12) 对于高处作业、带电操作、设备加电测试等关键工序必须进行旁站监理。

 思考题

1. 通信工程施工单位安全生产责任怎么落实？
2. 工程施工为什么要进行技术交底？其基本内容是什么？
3. 施工现场应急预案编制的原则是什么？
4. 施工现场应急预案编制的内容是什么？
5. 施工现场发生的安全事故一般有哪些？发生了安全事故怎么应对？
6. 在施工现场，哪些情况必须设置安全设施？
7. 通信工程施工监理单位安全生产责任应怎么落实？

第二章 工器具和仪表

一、常用工器具

常用工器具一般分为六大类，包括通用工具、安全工具、测量工具、吊装工具、电动工具和压接工具。

1. 通用工具

通用工具有手锤、榔头、钢锯、铁锹、铁镐、剖缆刀、壁纸刀、吊拉绳索、砂轮机、喷灯、台虎钳、老虎钳、尖嘴钳、斜口钳、大力钳、剥线钳、鸭嘴钳、剪线钳、电烙铁、起子(十字，一字)、活动扳手、香槟锤、锤子、锯子、紧力夹、套筒、内六角、剪刀、电缆剪刀、介刀、锉刀、钟表螺丝刀、弓锯、对线器、热风枪、绕线枪、卡线枪、馈线刀、扩孔器、电工笔、梯子、高凳等。

2. 安全工具

安全工具有安全帽、安全带、安全绳、防护服、防护眼镜、绝缘鞋等。

3. 测量工具

测量工具有水平尺、直尺、直角尺、卷尺、皮尺、吊线锤、罗盘、坡度测量仪、万用表、光源、光功率计、OTDR 测量仪等。

4. 吊装工具

吊装工具有滑轮、千斤顶、尼龙绳、尾绳等。

5. 电动工具

电动工具有电锤、电钻、曲线锯、角磨机、吸尘器、熔接机、手持砂轮、电动切割机等。

6. 压接工具

压接工具有电源线压接钳、机械压接钳、同轴压接钳、网线钳等。

二、工器具使用的一般要求

(1) 施工作业时应选择合适工具，正确使用，不能任意代替。工具应保持完好无损，定期检查保养。发现有损时应及时修理或更换。

(2) 施工作业时，作业人员不得将有锋刃的工具(如刨、钻、凿、斧、刀、手锯等)插入腰带上或放置在衣服口袋内。运输或存放这些工具时，应平放，锋刃口不可朝上或向外；放入工具袋内时，刀口应向下。

(3) 安装施工工具、器械时应牢固，松紧适当，防止使用过程中脱落和断裂。放置较大的工具和材料时应平放。传递工具时，不得上扔下掷。

(4) 使用手锤、榔头不应戴手套。抡锤人对面应禁止站人。

(5) 使用手持钢锯时，安装锯条应松紧适度，使用时不得左右摆动。

(6) 使用滑车、紧线器，应定期注油保养，保持活动部位活动自如。使用时，不得以小代大或以大代小。有损坏或缺少零部件的现象时，不得使用。紧线器钥匙(手柄)不得加装套管或接长。

(7) 各种吊拉绳索和钢丝绳在使用前应进行检查，如有磨损、断股、腐蚀、霉烂、碾压伤、烧伤现象之一者，不得使用。承重时应试拉，绳索符合承重范围。在电力线下方或附近，不得使用钢丝绳、铁丝或潮湿的绳索牵拉吊线等物体。

(8) 使用长条形的工具时，不得将其倚立在靠近墙、汽车、电杆的位置。装运和存放时，应平放。

(9) 使用铁锹、铁镐时，应与他人保持一定的安全距离。锹把、镐把应安装牢固，有劈裂、折断的把柄不得使用。

(10) 使用带有金属丝的测量卷尺时应避免触碰电力线和带电物体，不得在运行设备内进行测量。

(11) 使用刨缆刀、壁纸刀等工具时应刀口向下，用力均匀，不得向上挑拨。

(12) 台虎钳应装在牢靠的工作台上，使用台虎钳加固工件时应夹牢固。

(13) 使用砂轮时，不得戴手套操作，应站在砂轮侧面，佩戴防护眼镜。固定工件的支架离砂轮不得大于 3 mm，安装应牢固。工件对砂轮的压力不可过大，以免砂轮破裂。不得利用砂轮侧面磨工件，不得在砂轮上磨铅、铜等软金属。

(14) 喷灯使用时的注意事项如下：

① 使用前应检查喷灯，不得漏油、漏气；加油、加气应符合使用要求，存放时应远离火源；

② 点燃或修理喷灯时，应与易燃、可燃的物品保持安全距离；在高处使用汽油喷灯时应用绳子吊上和吊下；

③ 燃烧的喷灯不得倒放，不得加油、加气，必须将喷灯熄灭并冷却之后进行；加油必须用规定的油类，不得随意代用；

④ 汽油喷灯用完后，应及时关油门放气，避免喷嘴堵塞；

⑤ 电子喷灯可随用随点燃，不用时应随时关闭；

⑥ 不得使用喷灯烧水、做饭。

喷灯实物如图 1-2-1 所示。

图 1-2-1　喷灯实物图

三、梯子和高凳

1. 登高梯

(1) 应经常检查登高梯的完好性。凡是已经折断、松弛、破裂、防滑胶垫脱落、腐朽、变形的梯子，不得使用。

(2) 使用单梯或较高的人字梯时，应有专人扶梯。

(3) 有架空电线和其他障碍物的地方，不得举梯移动。

(4) 登高梯所搭靠的支撑物必须坚固，并能承受梯上的最大负荷。

(5) 折叠梯在使用前应检查节扣、脚垫，确认牢固后方可使用。

(6) 在运行的设备上作业时，应选用绝缘梯或木梯、木凳，不得使用金属梯。

(7) 上下登高梯时不得携带笨重的工具和材料。

(8) 登高梯上不得有两人同时工作。

(9) 使用金属登高梯时，踏板必须做防滑处理，梯脚应装设防滑绝缘橡胶垫，施工人员应穿绝缘胶鞋。

(10) 登高梯搭靠在墙壁、吊线上使用时，梯子上端的接触点与下端支持点间水平距离应等于接触点和支持点间距离的 1/4 至 1/3。当梯子搭靠在吊线上时，梯子上端至少应高出吊线 30 cm，但不得超过梯子高度的 1/3(梯子上部装双铁钩的除外)。靠在电杆上的登高梯上端应绑扎 U 形铁线环或用绳子将梯子上端固定在电杆上或吊线上。

(11) 在登高梯上作业时，不得一脚踩梯，另一脚踩在其他物件上面。不得用腿脚移动梯子。

(12) 登高梯不用时，应随时平放。

2. 人字梯

(1) 各部位连接应牢固，梯梁与踏板无歪斜、扭曲、变形等缺陷，配件齐全，活动自如，踏板须做防滑处理，梯脚应装设防滑橡胶脚。

(2) 两人不得同时在一个人字梯上工作。

(3) 使用人字梯时搭扣应扣牢，无搭扣时须用结实可靠的绳子在梯子的中间缚住。

3. 金属伸缩梯

(1) 各部位连接应牢固，梯梁与踏板无歪斜、扭曲、变形等缺陷，配件齐全，伸拉自如，绳索无破损和断股现象。踏板应做防滑处理，梯脚应装设防滑橡胶脚。

(2) 拉伸长度不准超过其规定值。

(3) 在电力线、电力设备下方或附近，严禁使用金属伸缩梯。

4. 使用高凳注意事项

使用高凳前应检查高凳是否牢固和平稳。凳腿、踏板材质应结实。上下高凳时不得携带笨重材料和工具。一个人不得脚踩两只高凳作业。

四、安全带

配发安全带必须符合国家标准。每次使用前必须严格检查，发现安全带有折痕，弹簧扣不灵活或不能扣牢，腰带眼孔有裂缝，钩环、铁链等金属配件腐蚀变形等异常时，应严禁使用。

1. 安全带的选用：

(1) 线路电杆上作业可选用"围杆作业安全带"，其佩戴示意图如图 1-2-2 所示。

图 1-2-2　围杆作业安全带佩戴示意图

(2) 吊板上作业应选用"悬挂单腰式安全带"，其佩戴示意图如图 1-2-3 所示(有单背带)。

图 1-2-3　悬挂单腰式安全带(有单背带)示意图

(3) 基站铁塔等高处作业时应选用"悬挂双背带式安全带"，其佩戴示意图如图 1-2-4 所示(有腿带)。

图 1-2-4　悬挂双背带式安全带(有腿带)示意图

(4) 安全带上的各种部件不得任意拆掉。更换新绳时要注意加绳套。严禁用一般绳索、电线等代替安全带(绳)。

(5) 安全带使用期为 3～5 年，发现异常应提前报废。安全带购入两年后，应按批量抽检，经抽检合格后方可继续使用。

2. 安全带的使用

(1) 不得将安全带的围绳打结使用。不得将挂钩直接挂在安全绳上使用，应挂在连接环上使用。

(2) 不同的施工专业应使用不同的安全带。电杆上作业时可选用围杆作业安全带；在吊板上作业时应选择电信工悬挂单腰带式安全带；铁塔上或高于 15 m 高空作业时必须选用悬挂双背带式安全带(有背带和腿带)；在楼墙外作业或悬空作业时，除佩戴安全带外，还应佩带速差式自控器。

(3) 安全带不用时，应储藏在干燥，通风的仓库内，不得随意丢放，不得接触高温、明火、强酸和尖锐的、带刃的坚硬物体，不得雨淋、长期曝晒。

五、动力机械设备

1. 高压气泵

高压气泵如图 1-2-5 所示。其使用注意事项如下。

(1) 气压表、油压表、温度表、电流表，应齐全完好，指示正常。指示值突然超过规定值或指示异常，应立即停机检修。

(2) 输气管设置应防止急弯，打开送气阀门前，应通知现场作业的有关人员，在出气口处不得有人。

(3) 开机后操作人员不得远离。使用风镐作业人员，应戴防护眼镜。

(4) 停机时，应先降低气压。检修时，严禁使用汽油、煤油洗刷空气压缩机曲轴箱、滤清器或空气通路的零部件。

(5) 储气罐严禁曝晒和烧烤。

图 1-2-5　高压气泵

2. 发电机

发电机如图 1-2-6、图 1-2-7 所示。其使用发电机注意事项如下。

(1) 发电机至配电箱的电源线应绝缘良好，不得过长和拖在地面上。各接点应接线牢固，不得从发电机输出端直接给用电设备送电。

(2) 使用发电机时，严禁人体接触带电部位。须带电作业时，应做好绝缘防护措施。

(3) 发电机开启后，操作人员不得远离，应监视发电机的运转情况。

(4) 严禁在发电机周围吸烟或使用明火。

图 1-2-6　小型发电机　　　　　　　　　　图 1-2-7　大型发电机

3. 水泵

水泵如图 1-2-8 所示。水泵是输送液体或使液体增压的机械。它将原动机的机械能或其他外部能量传送给液体，使液体能量增加，主要用来输送液体包括水、油、酸碱液、乳化液、悬乳液和液态金属等。也可输送液体、气体混合物以及含悬浮固体物的液体。水泵性能的技术参数有流量、吸程、扬程、轴功率、水功率、效率等；根据不同的工作原理可分为容积水泵、叶片泵等类型。容积泵是利用其工作室容积的变化来传递能量的；叶片泵是利用回转叶片与水的相互作用来传递能量的，有离心泵、轴流泵和混流泵等类型。

图 1-2-8　水泵

使用水泵注意事项：

(1) 水泵的安装应牢固、平稳，有防雨、防冻措施。多台水泵并列安装时，间距不得小于 0.8 m，管径较大的进、出水管，须用支架支撑，转动部分应有防护装置。

(2) 用水泵排除人孔内积水时，水泵的排气管应放在人孔口的下风方向。

(3) 水泵运转时，严禁人体接触机身，也不得在机身上跨越。

(4) 水泵开启后，操作人员不得远离，应监视其运转情况。

4. 潜水泵

潜水泵是深井提水的重要设备。使用时整个机组潜入水中工作，把地下水提取到地表，用于生活用水、矿山抢险、工业冷却、农田灌溉、海水提升、轮船调载，还可用于喷泉景观。

热水潜水泵用于温泉洗浴，还可适用于从深井中提取地下水，也可用于河流、水库、水渠等提水工程。主要用于农田灌溉及高山区人畜用水，亦可供中央空调冷却、热泵机组、冷泵机组、城市、工厂、铁路、矿山、工地排水使用。一般流量可以达到 5～650 m³/h、扬程可达到 10～550 m。潜水泵如图 1-2-9 所示。

图 1-2-9　潜水泵

使用潜水泵注意事项如下。

(1) 潜水泵宜先装在坚固的篮筐里再放入水中，水泵应直立于水中，水深不得小于 0.5 m，不得在含泥沙成分较多的水中使用。

(2) 潜水泵放入水中或提出水面时，应切断电源，严禁拉拽电线或出水管。

(3) 潜水泵应装设保护接地和漏电保护装置。工作时，水泵周围 30 m 以内水面，不得有人、畜进入。

(4) 启动前应认真检查。排水管接续绑扎应牢固，放水、放气、注油等螺塞均旋紧，叶轮和进水处无杂物，电缆绝缘良好。

(5) 接通电源后，应先试运转，检查和确认旋转方向正确。

(6) 应经常观察水位变化，叶轮中心至水面距离应在 0.5～3.0 m 之间。泵体不得陷入淤泥或露出水面。电源线不得与周围硬质物体摩擦。

5. 打夯机(电动蛙式)与路面切割机

打夯机(电动蛙式)、路面切割机如图 1-2-10、图 1-2-11 所示。其使用注意事项如下。

图 1-2-10　打夯机(电动蛙式)　　　　图 1-2-11　路面切割机

(1) 打夯机、路面切割机的金属外壳应做好保护接地，其漏电保护必须适应潮湿场所的要求。

(2) 打夯机、路面切割机的电源线应采用耐气温变化的橡皮护套铜芯软电缆，长度不超过 50 m。其自身应有电源控制开关，扶手部位应做绝缘保护。操作及整理电源线人员，必须戴绝缘手套，穿绝缘鞋。

(3) 打夯机、路面切割机使用前必须检查电源控制开关，并经试运转正常后方可使用。使用时应一人操作，一人随机整理电源线。电源线不得在地面上拖拉。严禁无人扶机，任其自由行进。

(4) 使用打夯机，不得使夯头架和偏心块与电源线绞在一起。托盘落入石块或积土较多时，必须停机清除。

(5) 移地使用或用毕搬运时，必须先切断电源，盘放电源线。

(6) 两台以上打夯机同时作业时，前后间不小于 10 m，相互间的胶皮电缆不得缠绕交叉，并远离夯头。

6. 搅拌机

搅拌机如图 1-2-12 所示。其使用注意事项如下。

(1) 搅拌机安装位置必须坚实，应用支架稳固，不得以其轮胎代替。

(2) 使用前必须检查离合器和制动器是否灵敏有效，钢丝绳有无破损，是否与料斗拴牢，滚筒内有无异物。经空载试运行正常后方可使用。

(3) 料斗在提升、降落时，严禁任何人从料斗下面通过或停留。停止使用时应将料斗固定好。运转时，严禁将木(铁)棍、扫把、铁锨等物伸进滚筒内。

(4) 送入滚筒的搅和材料不得超过规定的容量。中途因故障停机重新启动前，必须把滚筒内的搅和材料倒出，以免增加启动负荷发生意外。

(5) 在现场检修和工作结束清洗时，必须先切断电源并把料斗固定好。进入滚筒内检查、清洗，必须设专人监护。

图 1-2-12　搅拌机

7. 砂轮切割机

砂轮切割机如图 1-2-13 所示，其操作示意图如图 1-2-14 所示。砂轮切割机操作注意事项如下。

(1) 切割机应放置平稳，不得晃动，金属外壳应接保护地线。电源线应采用耐气温变化的橡胶皮护套铜芯软电缆。

(2) 砂轮切割片应固定牢固，安装防护罩。切割机前面应设立 1.7 m 高的耐火挡砂板。

(3) 切割机开启后，可将切割片靠近物件，轻轻按下切割机手柄，使被切割物体受力均匀，不得用力过猛。严禁在砂轮片侧面磨削。

(4) 轮片外径边缘残损或剩余直径小于 250 mm 时应更换。

图 1-2-13　砂轮切割机　　　　　图 1-2-14　操作示意图

8. 电焊机

电焊机如图 1-2-15 所示。其使用注意事项如下。

(1) 电焊机摆放应平稳，机壳应有可靠的接地保护。焊钳、把线必须绝缘良好。装拆电源应由电工进行操作，电焊机应单独设置控制开关。电源线不得被碾压、触碰。

(2) 使用电焊机前必须检查。绝缘强度达不到技术标准或接点不牢固时不得使用。拉合电源刀闸时，应戴绝缘手套操作。停机时，应先关闭电焊机，再拉闸断电。

(3) 移动焊机位置时，必须先关闭焊机，再切断电源。遇突然停电，须立即关闭焊机。

(4) 施焊时，必须穿电焊服装，戴电焊手套及电焊面罩。清除焊渣时必须戴防护眼镜。施焊点周围有其他人作业或在露天地面上施焊，应设置防护挡板。更换焊条应戴手套，身体不准接触带电工件。

(5) 在潮湿处操作，操作人员应站在绝缘板上。在露天施焊，焊机应设置防潮、防雨、防水设施。遇雷雨、大雾天气，不得在露天施焊。

(6) 焊接带电的设备时必须先断电。焊接贮存过易燃、易爆、有毒物质的容器或管道，必须清洗干净，并将所有孔口打开，否则，不得施焊。严禁在带压力的容器或管道上施焊。

(7) 焊接现场应有防火措施，不准存放易燃、易爆物品。

图 1-2-15　电焊机

9. 气焊和气割

气焊和气割作业注意事项如下：

(1) 禁火区内不得进行焊接和切割作业。需要焊接切割时，必须把工件移到指定的安全区内进行。当必须在禁火区内焊接和切割作业时，应报请有关部门批准，办理许可证，采取可靠防护措施后，方可作业。

(2) 在露天场所进行焊接和切割作业时，应采取搭设挡风装置，防止火星飞溅。5 级以上大风时不得露天作业。

(3) 操作人员应保证气瓶距火源之间的距离在 10 m 以上。

(4) 焊接现场不得放置易燃物质。不得使用漏气焊把和胶管。

(5) 应正确使用氧气瓶。

① 严禁接触或靠近油脂物和其他易燃品；严禁与乙炔等可燃气体的气瓶放一起或同车运输。

② 瓶体应安装防振圈，轻装轻卸，不得受到剧烈震动和撞击。储运时，瓶阀应戴安全帽，防止损坏瓶阀。

③ 氧气瓶的瓶阀及其附件不得粘附油脂，手臂或手套上粘附油污后，不得操作氧气瓶。

④ 不得手掌满握手柄开启瓶阀，且开启速度应缓慢。开启瓶阀时，人应在瓶体一侧且人体和面部应避开出气口及减压器的表盘。

⑤ 氧气瓶的气压表必须指示正常，否则严禁使用。

⑥ 氧气瓶必须直立存放和使用，严禁卧放使用。瓶内气体不得用尽，必须留有 0.1～0.2 Mpa(兆帕)的余压。

⑦ 检查压缩气瓶有无漏气时，应用浓肥皂水，不得使用明火。

⑧ 氧气瓶不得靠近热源或在阳光下暴晒。

(6) 应正确使用乙炔发生器瓶。

① 检查乙炔发生器瓶有无漏气，应用浓肥皂水，不得使用明火。

② 乙炔发生器瓶必须直立存放和使用，严禁卧放使用。

③ 气温在 0℃ 以下时，乙炔发生器内的水应放出，防止冻结。瓶阀冻结时，严禁敲击和用火焰加热。可用热水和蒸汽加热瓶阀解冻，不得加热瓶体。

④ 焊接时，10 m 内不得设置 2 台移动乙炔发生器，5 m 内不得存放易燃易爆物质。

10. 挖掘机

挖掘机如图 1-2-16 所示。其使用注意事项如下：

(1) 挖沟、坑、洞前应了解土质情况，避开地下各种设施及文物。挖掘中应观察四周的电力线、电杆及各种建筑物。如发现有地下管线及构筑物时，应立即停止工作，采用人工挖掘。

(2) 挖掘机与沟沿应保持安全距离，防止机械落入沟、坑、洞内。

(3) 操作中进铲不应过深，提斗不应过猛。铲斗回转半径内，不得有其他机械同时作业。行驶时，铲斗应离地面 1 m 左右，上下坡时其坡度不应超过 20°。

(4) 严禁用挖掘机运输器材。

图 1-2-16　挖掘机

11. 翻斗车

翻斗车如图 1-2-17 所示。其使用注意事项如下：

(1) 运送砂浆和混凝土时，机车靠沟边的轮子应视其土质保持一定距离，一般距沟、坑、洞边不应小于 1.2 m。

(2) 司机操作翻斗车时，应精神集中，不得离开驾驶室。

图 1-2-17　翻斗车

12. 推土机

推土机如图 1-2-18 所示。其使用注意事项如下：

(1) 在推土前必须了解地下设施和周边环境情况。

(2) 作业中应有专人指挥，特别在倒车时应注意瞭望此机后面的人员和地面障碍物。

(3) 用推土机回填土方时，不得将挖出的大堆硬土、石块，构件碎块以及冻土块推入沟内，以防砸坏通信管道、缆线和其他地下建筑物。

(4) 推土机上下坡不得超 35°，横坡行驶时坡度不应超过 10°。禁止在陡坡上转弯、倒车或停车。下坡时不得挂空挡滑行。

(5) 推土机在行驶和作业过程中严禁上下人。停车或坡道上熄火时，必须将刀铲落地。

图 1-2-18　推土机

13. 吊车(起重机)

吊车(起重机)如图 1-2-19 所示。其使用注意事项如下:

(1) 起吊前必须检查各吊车支点、吊点,应平稳、牢固、可靠。钢丝绳和各种吊具必须完好无损。钢丝绳在卷筒上必须排列整齐,尾部应卡牢,作业时最少在卷筒上应保留三至五圈。

(2) 吊车停车位置应适当。在土质松软的地方应采取措施,防止倾斜和下沉。起吊物的重量不得超过吊车的负荷量。

(3) 吊装开始时,严禁有人在吊臂下停留和走动;严禁在吊具上和被吊物上站人;严禁用人在吊装物上配重找平衡。

(4) 严禁用吊车拖拉物件或车辆。对起吊物重量不明时,应先试吊,可靠后再起吊。严禁吊拉凝结在地面或设备上的物件。

(5) 吊装物件应找准重心,垂直起吊,不得斜吊。吊装时严禁急剧起降或改变起吊方向。

(6) 吊装物件时,应有专人指挥。操作人员应明确指挥信号,精神集中,密切配合。

(7) 停止作业时,吊钩应固定牢固,不得悬挂在半空,应刹住制动器,将操纵杆放在空挡,将操作室门锁上。

(8) 在架空电力线附近起重时,应注意起重臂和被吊物件与电力线最小距离不小于表 1-2-1 规定。

图 1-2-19 吊车(起重机)

表 1-2-1 起重机臂和被吊物件与电力线最小距离

序号	电力电压	距离/m	备注
1	1 kV 及其以下	1.5	
2	6~10 kV 及其以下	2	
3	35~110 kV 及其以下	4	
4	220 kV 及其以上	6	

14. 汽车绞盘

汽车绞盘如图 1-2-20 所示。其使用注意事项如下:

(1) 汽车停放处,应使司机看到被牵引的重物或第一个转向滑轮及指挥信号,并在汽车前后轮用木枕固定。启动绞盘前，应检查绞盘与转动轴的销子是否插好。

(2) 开动绞盘前应清除工作范围内障碍物。绞盘转动时严禁手摸走动的钢丝绳或校正绞盘滚筒上的钢丝绳圈位。如需改变绞盘转动方向，必须在滚筒完全停止后进行。

(3) 钢丝绳在滚筒上排列应整齐，工作时不得完全放尽，至少留五至六圈。当钢丝绳出现断股、腐蚀等现象之一者时，不得使用。

(4) 绞盘的滚筒与钢丝绳的承载力，必须大于所拉物件的重量，否则不得使用。

图 1-2-20　汽车绞盘

15. 顶管机

顶管机操作示意图如图 1-2-21 所示。具体操作注意事项如下：

(1) 顶管施工区域应设置安全警示标志和围栏，指定专人维持交通，防止行人和车辆进入工作区内。在顶管坑内的工作人员，应服从统一指挥。

(2) 液压顶卡口规格应符合顶管的直径要求。

图 1-2-21　顶管机操作示意图

16. 非开挖导向钻机

非开挖导向钻机如图 1-2-22 所示。其使用注意事项如下：

(1) 在启动设备前，应检查油路系统的管接头及各部位连接是否正确，应预先设置紧急关机程序。

(2) 检查供电电源及电源线连接是否正确。

(3) 在系统压力升高之前，应确定所有管线的连接是否严密，线路、管道、水管有无损坏。

(4) 在断开任何管路之前，应先释放压力。

(5) 在旋转部件周围不得穿宽松衣服，不得在旋转部件上走动或站立，不得接触正在回转的钻杆。拆除时必须待钻杆停止旋转后进行。

(6) 钻机工作时应随时注意观察各指示仪表的变化、设备运行情况及各部件的温升，一般不超过 60℃。当钻机出现异常响动时，应停机检查。

(7) 钻具回转过程中，夹持器卡瓦应完全退回，脱离钻具，以免划伤钻具。

图 1-2-22　非开挖导向钻机

17. 钻机导向仪

使用钻机导向仪注意事项如下：

(1) 更换电池时必须核准电池的极性，严禁反装。

(2) 传感器正常工作温度应低于 40℃。

(3) 接收器不得接近易燃、易爆物品。

六、手动机具

1. 千斤顶

千斤顶如图 1-2-23 所示。其使用注意事项如下：

(1) 螺旋式、油压式千斤顶，应经常进行维修保养，及时注油，保持升降灵活。

图 1-2-23　千斤顶

(2) 使用千斤顶支撑电缆盘，应支放在平稳、牢固的地面。在汽车上支撑电缆盘时，应将千斤顶用拉线固定。

(3) 千斤顶不得超负荷使用。千斤顶旋升最大行程不得超过丝杠总长的 3/5。

2. 手拉葫芦

手拉葫芦如图 1-2-24 所示。其使用注意事项如下：

(1) 挂钩、插销、链条、刹车等装置，必须齐全、有效。吊具、吊索及悬挂葫芦的构架，必须牢固、可靠。

(2) 手拉葫芦不得超负荷使用。被吊物件必须捆绑牢固，物件吊起后不得有人靠近，构架下方严禁有人停留。放下被吊物件时，必须缓慢轻放，不得自由落下。

(3) 使用两个葫芦同时起吊一个物件时，必须设专人指挥，负荷应均匀分担，操作人员动作应协调一致。

(4) 使用手拉葫芦收紧电缆吊线时，必须将"葫芦"放置平稳，固定牢固，除操作者外，周围不得有人停留。

手拉葫芦又叫神仙葫芦、斤不落。手拉葫芦是一种使用简单、携带方便的手动起重机械，也称环链葫芦。它适用于小型设备和货物的短距离吊运，起吊重量一般不超过100 t

图 1-2-24　手拉葫芦

3. 倒链

使用倒链的注意事项如下：

(1) 倒链悬挂必须牢固、可靠，不得超负荷使用。其链轮盘、倒卡链条钓钩，如有变形扭曲，则严禁使用。

(2) 被吊物件必须捆绑牢固，任何人不得靠近被吊物件或停留在三脚架、构架下面。

(3) 操作人员不得站在倒链下方。被吊物件在空中停留时间较长时须将小链拴在大链上。

4. 射钉枪

使用射钉枪注意事项如下：

(1) 作业前必须对射钉枪做全面检查。应由经过培训、熟悉各部件性能、作用、结构特点及使用方法的人员操作使用，其他人不得擅自动用。

(2) 射钉枪及弹筒、火药、射钉必须分开存放，由专人负责管理。使用人必须按领料单的数量领取。弹筒的发放和回收数量必须一致。

(3) 必须了解被射构筑物的厚度、强度、墙内暗管和墙背后的设备是否符合射钉要求。如遇白灰土墙、空心砖墙，泡沫砖墙不得射钉。在墙上射钉时，必须刮掉墙上的松软灰皮并见到砖块后，才能射钉。被射构筑物厚度应大于射钉长度的 2.5 倍。

(4) 必须查看沿射击方向情况，射击方向的物体背后严禁有人。

(5) 弹药装入弹仓后，操作者不得离开射钉枪，并应尽量缩短入药和射击时间。

(6) 操作者必须站立或坐在稳固的地方发射，在高处作业时必须佩戴安全带。

(7) 操作者射击时，应佩戴防护镜、手套和耳塞，周围不得有其他人员。

(8) 射钉枪射入点距离墙体或构筑物的边缘不得小于 10 cm。

(9) 发射时枪管与护罩必须紧贴在被射物的平面上，严禁在凹凸不平的物体上发射。在任何情况下都不准卸下防护罩射击。当第一枪未射牢固，严禁在原位射第二枪。

(10) 当有哑弹或击发不灵时，应将枪身掀开，取出子弹，查找原因，排除故障。

七、手持式电动工具

1. 手持式电动工具的选购和储运

(1) 必须选购经检验合格，符合安全技术要求的工具。

(2) 手持式电动工具在正常运输中必须保证不因震动、受潮等而影响其安全技术性能。

(3) 手持式电动工具必须存放在干燥、无有害气体和腐蚀性化学品的场所。

(4) 手持式电动工具必须由具备一定专业技术知识的人员负责管理。

2. 手持式电动工具的使用

(1) 施工人员应按照工具使用说明书的要求进行安全操作。

(2) 工具使用前，应检查有无短路、绝缘不良、导线外露、插头和插座破裂松动、零件螺丝松脱等不正常现象。发现异常，不得使用。

(3) 工具使用中应有相应的防护措施及良好的接地装置，否则不得使用。

(4) 使用手持式电动工具时，必须根据工作环境，选用合适的类型。在易燃、易爆场所，不得使用手持式电动工具。

(5) 工具的电源线不得随意接长或拆换。工具电源线所用的插头、插座必须符合国家的相关标准，不得任意拆除或调换。

3. 电烙铁

使用电烙铁注意事项如下：

(1) 电烙铁手柄、导线、插头应完好无损。导线不得用绝缘强度低的塑料线。使用前必须检查，出现手柄及插头破损、导线老化、裸露等情形时，不得使用。

(2) 电烙铁暂时停用时应放在专用支架上，不得直接放在桌面或易燃物旁。未冷却的烙铁不得放入工具箱、包内。

4．移动式排风扇与电风扇

使用移动式排风扇与电风扇的注意事项如下：

(1) 排风扇、电风扇金属外壳及其支架，应有接地保护措施，并应使用有漏电保护器的电源接线盒。移动排风扇、电风扇时应先切断电源。

(2) 使用前应检查，如零部件破损、漏电、导线老化，不得使用。严禁在人孔内使用排风扇、电风扇。

5．手电钻与电锤

使用手电钻与电锤的注意事项如下：

(1) 使用前，应检查外壳不得漏电。手柄、开关、导线及插头必须完好无损。使用时其插头应与带漏电保护器的插座相符合，不得将导线直接插入插座孔内使用。

(2) 使用前，应进行空载试验，运转正常方可使用。使用中出现高热或异声，应立即停止使用。装卸钻头时，应切断电源，待完全停止转动后再进行装卸。

(3) 转移作业地点及上、下传递时，必须先切断电源。

(4) 使用手电钻时，不得戴手套。

6．照明灯

照明灯的选用与使用应注意以下事项：

(1) 室外作业时，其照明应选用安全灯具，一般情况宜采用防水式灯具。

(2) 在有爆炸性气体或粉尘的场所作业，其照明应采用防爆式灯具。

(3) 在人孔内宜选用电压为 36 V 的工作手灯照明。在潮湿的沟、坑内应选用电压为 12 V 的工作手灯照明。如用蓄电池做电源时，电瓶应放在人孔和沟坑以外。

(4) 在管道沟、坑沿线设置普通照明灯具及安全警示灯时，距地面的垂直高度不得小于 2 m。

(5) 当用 150 W 以上(含)的灯泡时，不得使用胶木灯具。施工作业的照明，不得使用自带开关的灯具。

(6) 灯具的相线应经过开关控制，不得直接引入灯具。

八、仪表

1．仪表的使用

(1) 仪表使用人员必须经过培训，熟悉仪表的正确使用方法，并按仪表的技术规定进行操作。

(2) 仪表使用前必须按额定工作电源电压的要求接引电源，电源插座应选用有防漏电保护的插座。仪表使用时应接地保护。

(3) 使用直流电源的仪表时，电源的正负极性不得接反。直流电源仪表长期不使用时应及时从仪表中取出干电池。

(4) 交直流两用仪表，在插入电源塞孔和接引电源时应严格禁止交、直流电源接错。

(5) 做过耐压和绝缘测试的线对必须及时放电。在经过放电后的线对上，再进行其他项目的测试。

(6) 使用仪表的现场必须防止日晒雨淋和火烤，不得将水等液体或金属物质进入仪表内部。

(7) 仪表内有异常声音、气体、气味等现象发生时，应立即切断电源开关。

(8) 不得将仪表电池和金属物品放在一起保管。搬运仪表时，应使用专用的仪表箱。使用仪表应轻拿轻放。

(9) 使用带激光源仪器时，不得将光源正对着眼睛。

2. 熔接机

使用熔接机注意事项如下：

(1) 熔接机不得在易燃、易爆的场所使用。不得直接接触熔接机的高温部位(加热器或电极)。

(2) 更换电极棒前应关闭电源开关，将电池取出或电源插头拔下。

(3) 清洁熔接机时，严禁使用含氟的喷雾清洁剂。

 思考题

1. 常用工器具一般分为哪几类？分别列出。
2. 对于有锋刃的工具作业时有哪些安全要求？
3. 登高作业时常使用哪些工具？有哪些安全的注意事项？
4. 试列出常用动力设备？使用时有哪些共性的安全需要注意？
5. 手持电动工具使用时有哪些安全要求？
6. 对于仪表的使用有哪些规定？

第三章 器材储运

器材搬运的方法：人工挑、抬、扛工作；楼台上吊装设备；使用叉车进行搬运；采用滚筒搬运物体；用坡度坑进行装卸；用跳板进行装卸；车辆运输工程器材；搬运易燃、易爆物及危险化学品。

一、一般安全规定

搬运通信设备、线缆等器材时，应对杠、绳、链、撬棍、滚筒、滑车、挂钩、绞车(盘)、跳板等搬运工具进行检查，能够承担足够的负荷；若有破损、腐蚀、腐朽现象，则不得使用。

1. 人工挑、抬、扛工作

(1) 扛抬物体时，捆绑必须牢靠，受力点应放在物体允许处，受剪切力的位置应加保护。扛抬人员应互相照应，多人合作时应按照身高、体力妥善安排位置，负重均匀。

(2) 扛抬电杆或笨重物体时，应佩戴垫肩，脚步一致。过坎、沟、泥泞路时，应统一指挥，稳步前进。必要时应有备用人员替换。

(3) 手搬、肩扛设备时应搬扛设备的牢固部位，不得抓碰设备内部的布线、盒盖、零部件等不牢固、不能承重的部位。上楼梯或拐弯时应慢行。

2. 在机房楼台吊装设备

在机房楼台上吊装设备时，应系尾绳。并应考虑平台的承重和检查吊装绳索是否牢固，确认无误方可作业。

3. 叉车搬运

使用叉车进行短距离搬运时，器材应叉牢并离地面不宜过高，以方便行驶为宜。

4. 采用滚筒短距离撬运、拉运重物

(1) 物体下面所垫滚筒(滚杠)应保持两根以上，如遇软土应垫木板或铁板。

(2) 撬拉点应放在物体允许的受力位置，滚移时应保持左右平衡。上下坡应用三角枕木等随时支垫物体并用绳索拉住物体缓慢移动。

(3) 作业人员不得站在滚筒(滚杠)移动的方向。

5. 用跳板和坡度坑进行装卸

(1) 坡度坑的坡度应小于 30°，坑位应选择坚实的土质，必要时上下车位置应设挡土板，以免塌方伤人。

(2) 普通跳板应选用厚度大于 6 cm，没有木结的坚实木板，放置坡度高长比为 1∶3。跳板上端必须用钩、绳固定。如遇雨、雪、冰或地滑时，除清除冰块外，还应在木板上垫草袋防滑。如装卸较重物品时，其跳板厚度应大于 15 cm，并在中间位置加垫支撑。

6. 车辆运输

车辆运输工程器材的长、宽、高不得违反装载规定。若运载超限而不可解体的物品影响交通安全时，应按照交通管理部门指定的时间、路线、速度行驶，并悬挂明显的警示标志。

二、装运杆材

(1) 汽车装运电杆时，车上应设置专用支架；杆材重心应落在车厢中部。严禁杆材超出车厢两侧。没有专用支架时，杆材应平放在车厢内，杆根向前，杆梢向后，杆材伸出车身尾部的长度应符合交通部门的规定。如用其他运输车辆运送电杆时，应用绳索捆绑撬紧，保持车辆平衡。卸车时应用木枕或石块稳住前后车轮。汽车装运电杆现场图如图 1-3-1 所示。

图 1-3-1 汽车装运电杆现场

(2) 卸车松捆时，应按顺序逐一进行，不得全部松开，以防电杆从车厢两侧滚下。卸车时不得将电杆直接向地面抛掷。

(3) 沿铁路抬运杆材，严禁将杆材放在轨道上或路基边道的里侧，通过铁路桥时应取得驻守人员的同意。

(4) 堆放杆材应使杆梢、杆根各在一端排列整齐平顺。杆堆底部两侧必须用短木或石块堵挡，堆完后应用铁线捆牢。电杆堆放时，木杆不超过六层，水泥杆不超过两层。

三、搬运光(电)缆

(1) 光(电)缆盘搬运宜使用专用光(电)缆拖车载运，不宜在地面上做长距离滚动。如需要在地面上做短距离滚动，应按光(电)缆的盘绕方向进行。若在软土上滚动，地面上则应垫木板或铁板。

(2) 安放光(电)缆盘时应选择在地势平坦的位置，同时在光(电)缆盘的两侧必须安放木枕，不得将光(电)缆盘放在斜坡上。

(3) 光(电)缆盘不可平放，也不得长期屯放在潮湿地方。

(4) 光(电)缆盘如需存放在路旁，不得占道妨碍交通，并应派专人值守。

(5) 装卸光(电)缆盘，宜采用吊车或叉车。如人工卸缆，必须有专人指挥，可选用承受力适合的绳索绕在缆盘上或中心孔的铁轴上，用绞车、滑车或足够的人力控制缆盘均匀从跳板上滚下。施工人员应远离跳板前方和两侧。装卸时非工作人员不可在附近停留。严禁将缆盘直接从车上推下。

(6) 用两轮光(电)缆拖车装卸光(电)缆时，无论用绞盘或人力控制，都需要用绳着力拉住拖车的拉端，缓慢拉下或撬上，不可猛然撬上或落下。装卸时，不得有人站在拖车下面和后面。用四轮光(电)缆拖车装运时，两侧的起重绞盘提拉速度应一致，保持缆盘平稳上升落入槽内。

(7) 使用光(电)缆拖车运输光(电)缆，应按规定设置标志。

(8) 运输装卸搬运钢绞线时，安全注意事项可参照光(电)缆。

四、搬运化学品和危险品

(1) 危险品、易燃品必须用封闭式箱、桶、瓶包装，盖严，不得泄漏。

(2) 搬运危险化学品时，必须注意防震，物体不可倒置。如有泄漏的烈性化学药品，严禁用手触摸。拿取时应用专用工具，工作后及时用肥皂洗手消毒。

(3) 搬运蓄电池、硫酸、稀料等酸类化学品，事前必须检查所用工具、用具是否可靠。作业人员必须佩戴防腐蚀的保护用品。搬运时应轻拿轻放。

(4) 搬运易燃、易爆物时，应分装分运，避免暴晒。储存时应分开存放，必须远离火源和高温。严禁将危险品存放在职工宿舍或办公室内。

(5) 装运压力储气瓶时，必须用柔软物包装(裹)并捆绑牢固。

(6) 运送爆炸物品的车辆应按有关部门的规定悬挂危险品标志。按指定的交通路线和时间通过，不得在桥梁、隧道和人多的地方停留。

 思考题

1. 器材搬运有哪些方法？
2. 运输水泥电杆时，有哪些安全方面的要求？
3. 怎样搬运光(电)缆？并说明搬运过程中的注意事项。
4. 运输危化品有哪些要求和注意事项？

复 习 题 一

一、选择题

1. 安全生产管理机构指的是 ( )专门负责安全生产监督管理的内设机构，其工作人员都是专职安全生产管理人员。

   A. 运营单位　　　　　　　　　　B. 生产经营单位
   C. 企事业单位　　　　　　　　　　D. 施工单位

2. 安全生产管理是实现安全生产的重要( )。

   A. 作用　　　　　　　　　　　　B. 保证
   C. 依据　　　　　　　　　　　　D. 措施

3. 分包单位应当服从总承包单位的安全生产管理，分包单位不服从管理导致生产安全事故的，分包单位承担( )责任。

   A. 全部　　　　　　　　　　　　B. 连带
   C. 主要　　　　　　　　　　　　D. 部分

4. 当生产和其他工作与安全发生矛盾时，要以安全为主，生产和其他工作要服从安全，这就是( )原则。

   A. 预防　　　　　　　　　　　　B. 因果关系
   C. 偶然性　　　　　　　　　　　D. 安全第一

5. ( )是指安全生产管理，要以预防事故的发生，防患于未然，将事故消灭在萌芽状态为重点，而不是以处理事故为重点。

   A. 事故预防　　　　　　　　　　B. 安全优先
   C. 安全第一　　　　　　　　　　D. 预防为主

6. 根据"安全"的含义，某一事物是否安全，是对这一事物的主观评价。安全状况是不因( )的相互作用而导致系统失效、人员伤害或其他损失。

   A. 人、材、机　　　　　　　　　B. 人、机、环境
   C. 人、机、气候　　　　　　　　D. 人、材、环境

7. 负责对安全生产进行现场监督检查的人员是( )。

   A. 主管工长　　　　　　　　　　B. 项目经理
   C. 专职安全员　　　　　　　　　D. 安全负责人

8. 在有坠落危险的高处作业时，应系好安全带，安全带应( )挂在牢靠处。

   A. 低挂高用　　　　　　　　　　B. 高挂高用
   C. 高挂低用　　　　　　　　　　D. 低挂低用

9. 在砍伐树木时，为安全起见，风力在( )级以上时，不得砍伐树木。

　　A. 4　　　　　B. 5　　　　　　　C. 6　　　　　D. 7.

10. 起重机臂和被吊物件与电力线最小距离电压 1 kV 及其以下、6～10 kV 及其以下、35～110 kV 及其以下、220 kV 及其以上，分别是(　　　)。

　　A. 1.5　2　4　6　　　　　　　B. 1.5　2　3　6
　　C. 2　2　4　5　　　　　　　D. 2　2　4　6

二、填空题

1. 我国安全生产的方针是(　　　　　　　　　　　　　　)。

2. 施工单位应建立、健全(　　　　　　　　)，按照相关规定设置安全生产管理机构，配备(　　　　)管理人员，制定完备的安全生产(　　　)、操作规程和专项(　　　　　　)。

3. 施工单位的(　　　　　　)、(　　　　　　)和(　　　　　　)必须具备与本单位所从事施工生产经营活动相应的安全生产知识和管理能力，应当经通信行业主管部门考核合格后方可任职。

4. 施工人员在施工生产过程中，必须按照国家规定和(　　　　)需要，正确穿戴和使用相应的劳动保护用品。

5. 从事特殊工种的作业人员在上岗前，必须进行专门的安全技术和操作技能的培训和考核，并经培训考核合格，取得《　　　　　　　　　　》后方可上岗。

6. 生产经营单位发生安全事故，单位负责人接到事故报告后，应立即如实报告当地原有安全生产监督管理职责的部门，不得(　　　)，谎报或者(　　　)，不得破坏事故现场，毁灭有关证据。

7. 安全生产"五要素"(　　)、(　　)、(　　)、(　　)、(　　)。

8. 从业人员在作业过程中，应当严格遵守本单位的安全生产规章制度和(　　　)，服从管理，正确佩戴和使用(　　　　)。

9. 作业人员上岗前应接受(　　　)，考核不合格不得上岗。

10. 单位应在有较大危险的有关设施、设备上设置明显的(　　　)标志。

11. 单位(　　　)对本单位安全生产工作全面负责。

12. 施工现场的安全防护用具、机械设备、施工机具及配件必须由专人管理，定期进行(　　　　)，建立相应的资料档案，并按照国家有关规定及时报废。

13. 施工企业在编制施工组织设计时，对专业性较强的工程项目，应当编制(　　　　　　)，并采取安全技术措施。

14. 建设工程施工之前，施工单位负责项目管理的技术人员应当对安全施工的技术要求向施工作业人、班组、作业人员作出详细说明，并由双方(　　　　)确认。

15. 驾驶员必须遵守交通法规。驾驶车辆应注意交通标志、标线，保持安全行车距离，(　　)，(　　)，(　　)，(　　)。

三、判断题(正、误分别用"√""×"表示)

1. 通信线路施工和维护具有点多、面广和流动性大、分散作业的特点，施工维护作业中危险性大，工作条件差、不安全因素多，预防难度大。(　　　)

2. 通信施工维护在工作现场作业传递工具时，不准上扔下掷。（　　）

3. 发现井下有人中毒，在未采取保护措施时，不准单人盲目下井施救，避免人员连续伤亡。（　　）

4. 在杆上作业时，必须使用安全带。安全带围杆绳放置位置应在距杆梢 30 cm 以下，在杆上作业应戴安全帽。（　　）

5. 在人(手)孔内工作时，必须事先在井口处设置井围、红旗，夜间设红灯，上面设人看守。（　　）

6. 安全第一，是说明人与物、安全工作与生产任务的关系；预防为主，是说明安全工作中防与救、事前防范与事后处理之间的关系，体现了防范胜于救灾的指导思想。（　　）

7. 在施工中发生危及人身安全的紧急情况时，作业人员有权立即停止作业或者在采取必要的应急措施后撤离危险区域。（　　）

8. 特种作业人员的培训内容，主要是安全技术理论培训考核。（　　）

9. 可以在围挡内侧堆放泥土、沙石等散状材料，也可以将围挡做挡土墙使用。（　　）

10. 安全距离是指高压线放电距离之外、施工坠落半径以内。（　　）

四、分析题

某项目从甲地到乙地布放一条光缆，整个路由采用架空，为新建项目。假若你为项目负责人，请你为此项目编制一套现场安全应急预案。

第四章 通信线路工程

通信线路工程主要分为：架空线路工程、直埋工程、敷设管道光(电)缆工程、气吹敷设光缆、水底光(电)缆工程、高速公路线路、墙壁光(电)缆和线路终端设备安装。

一、安全管理一般要求

1. 施工沿线环境调查

在勘察测量施工时，应对路由经过的沿线环境进行详细调查，如有毒植物、毒蛇、血吸虫、猛兽和狩猎器具、陷阱等，应在施工前详细交底并采取相应的预防措施。

一般情况下，市区杆距为 35～40 m，郊区杆距为 45～50 m。

架空电缆杆间距离在轻负荷区超过 60 m，中负荷区超过 55 m，重负荷区超过 50 m 时应采用长杆档建筑方式。

2. 移动标旗勿影响车、船通行

在路由复测中传递标杆时，不得抛掷。移动标旗或指挥旗时，遇有火车和船只等行驶，须将标旗等平放或收起。

3. 雪地施工注意防护

在雪地施工时应戴有色防护镜，以免雪光刺伤眼睛。

4. 防止线缆张力拉兜坠落

在河流、深沟、陡坡地段布放吊线、光(电)缆、排流线应采取措施，防止作业人员因线缆张力拉兜坠落。

> ⊠ **重点**：路由复测作业之前做好有针对性的预防，携带较长的器材时应防止碰触行人和车辆，一句话保护好自身安全

5. 开挖坑、洞作业

(1) 在挖杆坑洞、光(电)缆沟、接头坑、人孔坑时，应调查地下原有电力线、光(电)缆、煤气管、输水管、供热管、排污管等设施与开挖地段的间距并注意其安全。如遇有地下不明物品或文物，应立即停止挖掘，保护现场，并向有关部门报告。

(2) 在土质松软或流沙地质，打长方形或 H 杆洞有坍塌危险时应采取支撑等防护措施。

6. 凿石质杆洞和土石方爆破

(1) 工程需要爆破时，必须到当地公安部门办理手续。大、中型爆破在实施前应编制

爆破方案，报经相关部门批准。

(2) 爆破必须由持爆破证的专业人员进行，并对所有参与作业者进行爆破安全常识教育。

(3) 凿炮眼时，掌大锤的人必须站在扶钢钎的人的左侧或右侧。操作人员应用力均匀，禁止疲劳作业。

(4) 炮眼装药严禁使用铁器。装置带雷管的药包必须轻塞，严禁重击。不得边凿炮眼边装药。

(5) 放炮前应明确规定警戒时间、范围和信号，配备警戒人员。现场人员及车辆必须转移到安全地带后，方能引爆。

(6) 装药后的炮眼上方应盖以篱笆或树枝等物，防止爆破后石块乱飞。

(7) 用电雷管引爆，应设专用引爆信号线路，引爆装置应由接线人员负责管理。用火雷管引爆，应使用燃烧速度相同的导火索。

(8) 在引爆中，应注意和记录是否有哑炮。遇有哑炮，严禁掏挖或在原炮眼内重装炸药爆破，必须由持爆破证的专业人员按操作规范进行专门处理。哑炮未处理完，其他人员严格禁止进入该危险区。

(9) 炸药、雷管必须办理严格领用、退还手续。严格保管，防止被盗和藏匿。

(10) 在市区、居民区及行人、车辆繁忙地带，严禁使用爆破方法。在建筑物、电力线、通信线以及其他设施附近，不宜使用爆破法。

7. 布放光(电)缆

(1) 布放光(电)缆时，必须做到统一指挥，步调一致，按规定的旗语和号令行动。

(2) 布放光(电)缆应用专用电缆拖车或千斤顶支撑缆盘。

(3) 布放光(电)缆前，从缆盘上拆下的护板、铁钉必须妥善处置。缆盘两侧内外壁上的钩钉应清除干净。

(4) 布放光(电)缆时，缆盘应保持水平，防止转动时向一端偏移。缆盘支撑高度以光(电)缆盘能自由旋转为宜。控制缆盘转动的人员应站在缆盘的两侧，不得在缆盘的前转方向背向站立，控制缆盘的出缆速度与布放速度一致，牵引缆张力不宜过大。严禁缆盘不转动时，众人突然用力猛拉，使缆盘前倾。牵引停止时应迅速控制缆盘转速，防止余缆折弯损伤。缆盘控制人员如发现缆盘前倾、侧倾等异常情况，应立即指挥放缆人员暂停布放并处理，待妥善处理后再恢复布放。

(5) 在反向布放缆盘上的剩余光(电)缆时，应将盘上余缆采用盘"8"字的方法，排放成"8"字。"8"字中间重叠点应分散，不得堆放过高。"8"字缆圈上层不得套住下层，应保证缆线能自然拉开。布放时，操作人员不要站在"8"字缆圈之内。参见图1-4-1。

(6) 放缆时应合理调配作业人员的间距，以保证缆弯大于曲率半径要求。缆线不得打背扣、不得产生拉伸张力，不得将缆线在地面和树枝上摩擦、拖拉。

(7) 缆线在沟槽、池塘、陡坡、河沿及转弯等地段布放时，应有专人指挥和专人传递控制，严防光(电)缆张力兜拉人员坠落和光缆损伤。

图 1-4-1　布放剩余光(电)缆

8. 光缆测试

光缆接续、测试时，光纤激光不得正对眼睛。

二、架空线路

1. 立杆作业

抬杆尾时要注意抬杆两边人员用力均匀，用力不均匀会导致水泥杆往一边倒，致使水泥杆破裂或者压到人，如图 1-4-2 所示。

图 1-4-2　抬杆尾

立杆时，杆头下方人员要有挡板把杆头导入杆洞里面，中间几个人在水泥杆的两边用撑杆把水泥杆慢慢支撑起来，如图 1-4-3 所示。

图 1-4-3　立杆

(1) 行人较多时应划定安全区进行围栏，严禁非作业人员进入立杆和布放钢绞线、缆线的现场围观。

(2) 立杆前应认真观察地形及周围环境。根据所立电杆的材料、规格和重量合理配备作业人员，明确分工，专人指挥。

(3) 立杆用具必须齐全且牢固、可靠，作业人员应正确使用。

(4) 人工运杆作业时应注意事项：

① 电杆分屯堆放点应设在不妨碍行人、行车的位置，电杆堆放不宜过高。

② 电杆应按顺序从堆放点高层向低层搬运。撬移电杆时，下落方向禁止站人。从高处向低处移杆时用力不宜过猛，防止失控。

③ 使用"抱杆车"运杆，电杆重心应适中，不得向一头倾斜。推拉速度应均匀，转弯和下坡前应提前控制速度。

④ 在往水田、山坡搬运电杆时应提前勘选路由。根据电杆重量和路险情况，备足搬运用具和充足人员，并有专人指挥。

⑤ 在无路可抬运的山坡地段采用人工沿坡面牵引时，绳索强度应足够牢靠，同时应避免牵引绳索在山石上摩擦。电杆后方严禁站人。

(5) 杆洞、斜槽必须符合规范标准。电杆立起时，杆梢的上方应避开障碍物。

(6) 人工立杆应遵守：

① 立杆前，应在杆梢下方的适当位置系好定位绳索。如作业区周边有砖头、石块等应预先清理。

② 在杆根下落的坑洞内竖起挡杆板，使挡杆板挡住杆根，并由专人负责压控杆根。

③ 作业人员竖杆时应步调一致，人力肩扛时必须用同侧肩膀。

④ 杆立起至30°角时应使用杆叉(夹杠)、牵引绳等助力。拉动牵引绳应用力均匀，面对电杆操作，保持平稳，严禁作业人员背向电杆拉牵引绳。杆叉操作者用力要均衡，配合发挥杆叉支撑、夹拉作用。电杆不得左右摇摆，应保持平稳。

⑤ 电杆立起后应按要求校正杆根、杆梢位置，并及时回填土、夯实。夯实后方能撤除杆叉及登杆摘除牵引绳。

(7) 使用吊车立杆时，钢丝吊绳应牢固地拴在电杆上方的适当位置，使电杆的重心位置在下。起吊时，吊车臂下及杆下严禁站人。

(8) 严禁在电力线路正下方(尤其是高压线路下)立杆作业。当架空的通信线路穿过输电线时，经测量、计算，出现吊线与高压输电线达不到安全净距，则必须修改通信线路设计，必要时可改为由地下通过。

(9) 在民房附近进行立杆作业时，不得触碰屋檐。

2. 登(上)杆作业

图1-4-4所示为登杆作业。

(1) 登杆前必须认真检查电杆有无折断的危险。如发现有腐烂现象的电杆，在未加固前，不得攀登。

(2) 登杆时应注意观察及避开杆顶周围的障碍物。

(3) 登杆到达杆上的作业位置后，安全带应兜挂在距杆梢50 cm以下的位置。

(4) 利用上杆钉登杆时，必须检查上杆钉安装是否牢固。如有断裂、脱出危险不准蹬踩。

(5) 利用上杆钉或脚扣上下杆时不准二人以上同时上下杆。

图 1-4-4 登(上)杆作业

(6) 使用脚扣登杆作业应做到：

① 使用前应检查脚扣是否完好，当出现橡胶套管(橡胶板)破损、离股、老化或螺丝脱落和弯钩、脚蹬板扭曲、变形或脚扣带腐蚀、开焊、裂痕等情形之一者，严禁使用。不得用电话线或其他绳索替代脚扣带。

② 检查脚扣的安全性时应把脚扣卡在离地面 30 cm 的电杆上，一脚悬起，另一脚套在脚扣上用力踏踩，没有任何受损变形迹象，方可使用。

③ 使用脚扣时不得以大代小或以小代大。使用木杆脚扣不得攀登水泥杆，使用圆形水泥杆脚扣不得攀登方型水泥杆。各种活动式脚扣的使用功能不得互相替代。

④ 使用脚扣上杆时不得穿硬底鞋或拖鞋。

(7) 登杆时除个人配备的工具外，不准携带笨重工具。所需材料、工具应用工具袋传递。在电杆上开始作业前，必须系好安全带，并扣好安全带保险环后方可作业。图 1-4-5 所示为杆上作业图。

图 1-4-5 杆上作业图

(8) 杆上作业，所用材料应放置稳妥，所用工具应随手装入工具袋内，不得向下抛扔工具和材料。

(9) 在杆下用紧线器拉紧全程吊线时，杆上不准有人。待拉紧后再登杆拧紧夹板、做终结等作业。

(10) 升高或降低吊线时，必须使用紧线器，尤其在吊档、顶档杆操作时必须稳妥牢靠，不许肩扛推拉。

(11) 电杆上有人作业时，杆下周围必须有人监护(监护人不得靠近杆根)，在交通路口等地段必须在电杆周围设置护栏。

3. 拆换电杆作业

(1) 拆除电杆的顺序应是首先拆移杆上线缆，再拆除拉线，最后才能拆除电杆。

(2) 拆除线缆时，必须自下而上、左右对称均衡松脱，并用绳索系牢缓慢放下，严禁将任何线缆栓于人体的身上。如发现电杆或杆路出现异常时，应立即下杆，采取措施后再恢复上杆作业。

(3) 拆除吊线前，应将杆路上的吊线夹板松开。如遇角杆，操作人员必须站在电杆转向角的背面。

(4) 松脱拆除，不得一次将电杆一侧的线缆全部松脱或剪断。在拆除最后的线缆之前，必须注意中间杆、终端杆本身有无变化。

(5) 拆除吊线时严禁抛甩。拆除后的线缆、钢绞线必须及时收盘。

(6) 在路口和跨越电力线、公路、铁路、街道、河流等特殊地点时，应在本挡间实施采取绳索牵拉后，方可剪断吊线，并设专人看守。

(7) 在原旧杆位更换电杆时，必须把新杆立好后，自新杆攀登上杆，并把新、旧杆捆扎在一起，然后才能在旧杆上进行拆除移线工作。

(8) 更换电杆时，如利用旧杆挂设吊具吊立新杆时，应先检查旧杆腐朽情况，必要时应设置临时拉线或支撑物。将较大的旧杆放倒时，应在新杆上挂设滑车。但如旧杆较小，亦可用绳索以一端系牢旧杆，另一端环绕新杆一整圈后，徐徐放松放倒。杆下禁止站人。

(9) 使用吊车拔杆时，应先试拔，如有问题，应挖开杆坑检查有无横木或卡盘障碍。如有，应挖掘露出后再拔。

4. 安装和拆换拉线作业

(1) 新装拉线必须在布放吊线之前进行。拆除拉线前必须首先检查旧杆安全情况，按顺序拆除杆上原有的光(电)缆、吊线后进行。

(2) 终端拉线用的钢绞线必须比吊线大一级，并保证拉距，地锚与地锚杆应与钢绞线配套。地锚埋深和地锚杆出土尺寸应符合设计规范要求，严禁使用非配套的小于规定要求的地锚或地锚杆，严禁拉线坑不够深度或者将地锚杆锯短或弯盘。

(3) 更换拉线时应将新拉线安装完毕，并在新装拉线的拉力已将旧拉线张力松泄后再拆除旧拉线。

(4) 在原拉线位置或拉线位附近安装新拉线时，应先制作临时拉线，防止挖新拉线坑时将原有拉线地锚挖出，而导致抗拉力不足，使地锚移动发生倒杆事故。

(5) 安装拉线应尽量避开有碍行人行车的地方，并安装拉线警示护套。

(6) 拉线安装完毕后，拉线坑在回填土时必须夯实。

5. 布放吊线

(1) 布放无盘钢绞线时必须使用放线盘，禁止无放线盘布放钢绞线。

(2) 人工布放钢绞线，在牵引前端必须使用干燥的麻绳(将麻绳与钢绞线连接牢固)牵引。

(3) 布放钢绞线前，应对沿途跨越的供电线路、公路、铁路、街道、河流、树木等进行调查统计，在布放时必须采取以下有效措施，确保安全通过。

① 在树枝间穿越时，不得使树枝挡压或撑托钢绞线，保证吊线高度。

② 通过供电线路、公路、铁路、街道时应计算并保证设计高度，确定钢绞线在杆上的固定位置。牵引钢绞线通过前必须进行警示、警戒。

③ 在跨越铁路地点作业前，必须调查该地点火车通过的时间及间隔，以确定安全作业时间。并请相关部门协助和配合。

④ 布放跨越道路钢绞线的安全措施：在有旧吊线的条件下，利用旧吊线挂吊线滑轮的办法升高跨越公路、铁路、街道的钢绞线，以防止下垂拦挡行人及车辆；在新建杆路上跨越铁路、公路、街道时，采用单挡临时辅助吊线以挂高吊线防止下垂拦挡行人及车辆；在吊线紧好后拆除吊线滑轮和临时辅助吊线，同时注意警戒，保证安全。

⑤ 如钢绞线在低压电力线之上，必须设专人用绝缘棒托住钢绞线，不得搁在电力线上拖拉。

⑥ 防止钢绞线在行进过程中兜磨建筑物，必要时采取支撑垫物等措施。

⑦ 在牵引全程钢绞线余量时，用力应均匀，应采取措施防止钢绞线因张力反弹在杆间跳弹触及电力线。

⑧ 剪断钢绞线前，剪点两端应先人工固定，剪断后缓松，防止钢绞线反弹。

⑨ 在收紧拉线或吊线时，扳动紧线器以二人为限，操作时作业人员必须在紧线器后的左右侧。

(4) 布放架空光(电)缆时做到以下几点：

① 布放架空光(电)缆在通过电力线、铁路、公路、街道、树木等特殊地段时，安全措施参照布放吊线的相关内容要求。

② 在吊线上布放光(电)缆作业前，必须检查吊线强度。确保吊线在作业时不致断裂，电杆不致倾斜、倒杆及吊线卡担不致松脱时，方可进行布缆作业。

③ 在跨越电力线、铁路、公路杆档安装光(电)缆挂钩和拆除吊线滑轮时严禁使用吊板。

④ 光(电)缆在吊线挂钩前，一端应固定，另一端应将余量拽回，剪断缆线前应先固定。

(5) 使用吊板挂放光(电)缆时应做到：

① 坐板及坐板架应固定牢固，滑轮活动自如，坐板无劈裂、腐朽。如吊板上的挂钩已磨损四分之一时，不得再使用。

② 坐吊板时，必须扎安全带，并将安全带挂在吊线上。

③ 不得有两人以上同时在一档内坐吊板工作。

④ 在 2.0/7 以下的吊线上作业时不得使用吊板。

⑤ 在电杆与墙壁之间或墙壁与墙壁之间的吊线上，不得使用吊板。

⑥ 坐吊板过吊线接头时，必须使用梯子。经过电杆时，必须使用脚扣或梯子，严禁爬抱而过。

⑦ 坐吊板，如人体上身超过原吊线高度或下垂时人体下身低于原吊线高度时，必须注意与电力线尤其是高压线的安全距离，防止碰触上层或下层的电力线等障碍物，不可避免时改用梯子等其他方式。

⑧ 在吊线周围 70 cm 以内有电力线(非高压线路)或用户照明线时，不得使用吊板作业。

⑨ 坐吊板作业时，地面应有专人进行滑动牵引或控制保护。

(6) 在供电线及高压输电线附近作业应做到：

① 作业人员必须戴安全帽、绝缘手套、穿绝缘鞋和使用绝缘工具。

② 在原有杆路上作业，应先用试电笔检查该电杆上附挂的线缆、吊线，确认没有带电后再作业。

③ 在通信线路附近有其他线缆时，在没有辩明清楚该线缆使用性质前，一律按电力线处理。

④ 在与电力线合用的水泥杆上作业时，作业人员必须注意与电力线等其他线路保持一定的安全距离。

⑤ 在电力线下或附近作业时，严禁作业人员及设备与电力线接触。在高压线附近进行架线、安装拉线等作业时，离开高压线最小空距应保证：35 kV 以下为 2.5 m，35 kV 以上为 4 m。图 1-4-6 所示为在电力线下施工作业示意图。

图 1-4-6　在电力线下施工作业示意图

⑥ 光(电)缆通过供电线路上方时，应事先通知电力部门派人到现场停止送电，并经检查确实停电后，才能开始作业。通信施工作业人员不得将供电线擅自剪断。停送电必须在开关处悬挂停电警示标志，有专人值守，严禁擅自送电。在结束作业并得到工地现场负责人正式通知后方可恢复送电。不能停电时，可采取搭设保护架等措施，但必须做好充分的安全准备，方可施工。

⑦ 如需在供电线(220 V、380 V)上方架线时，严禁用石头或工具等系于缆线的一端，从供电线上面抛过。此时，可在跨越电力线处搭设安全保护架，将电力线罩住，施工完毕后再拆除。作业中，放线车和吊线均应良好接地。如布放吊线，先在跨越电力线的上方做

单挡临时辅助吊线，待吊线沿其通过并全程安装完毕后，再拆除临时辅助吊线。

⑧ 遇有电力线在线杆顶上交越的特殊情况时，作业人员的头部不得超过杆顶。所用的工具与材料不得接触电力线及其附属设备。

⑨ 当通信线与电力线接触或电力线落在地面上时，必须立即停止一切有关作业活动，保护现场，禁止行人步入危险地带。不得用一般工具触动通信缆线或电力线，应立即报告施工项目负责人和指定专业人员排除事故。事故未排除前，不得擅自恢复作业。

⑩ 在有金属顶棚的建筑物上作业前，应用试电笔检查，确认无电方可作业。

⑪ 在电力线下架设的吊线应及时按设计规定的保护方式进行保护。

6. 架设过河飞线

(1) 在通航河流上架设飞线时，应在施工前与航务管理部门进行联系，必要时在施工地段内应封航，并请相关部门派专人至上下游配合施工。

(2) 架设过河飞线，宜选择在汛前水浅时施工。如在汛期内施工，应注意水位涨落和水流速度。

(3) 架设过河飞线时为了不使线缆沉到河底，应使用汽艇(船只)或适当数量的木船组织作业人员在水上架设临时支撑架，支撑缆线。船上作业人员必须穿救生衣，配备救生设备。

(4) 船上作业人员应站在线缆张力的反侧，以免线缆收紧时被兜入水中。

(5) 在冰封河流上通过时，应先检验冰的厚度和强度，确保作业安全。

7. 桥梁侧体悬空作业

(1) 在桥梁侧体施工应得到相关管理部门批准，并按指定的位置安装铁架、钢管、塑料管或光(电)缆。严禁擅自改变安装位置损伤其桥体主钢筋。

(2) 在桥梁侧体施工时，作业区周围必须设置安全警示标志，圈定作业区，并设专人看守。严禁非作业人员及车辆进入桥梁作业区。

(3) 桥侧作业时，作业人员宜使用吊篮并同时使用安全带。吊篮各部件必须连接牢固。吊篮和安全带必须安挂于牢靠处，吊篮内的作业人员必须系好安全带。

(4) 工具及材料应装在工具袋内，用绳索吊上放下，严禁在吊篮内和桥上抛掷工具、材料。

(5) 从桥上给桥侧传递大件材料(钢管)时，应有专人指挥，钢管两端拴绳缓慢送下，待固定后再拆除绳索。

(6) 采用机械吊臂敷设线缆时，应检查吊臂和作业人员使用的安全保护装置(吊挂椅、板、安全绳、安全带等)必须安全。作业人员在吊篮中应系安全带，并与现场指挥人员用对讲机保持联系。

(7) 在桥梁侧体悬空作业时，作业人员应穿救生衣，桥上人员应穿交通警示服。作业车辆应设置施工停车警示标志。

三、直埋线路

(1) 敷设、拆除埋式光(电)缆或硅芯管、塑料管等所需掘土及回土、制作人孔等工作的安全注意事项可参照"通信管道"部分的相关规定。

(2) 开挖光(电)缆沟槽前,应详细勘察地下原有各种缆线、管道分布和走向情况,使用专用仪器对地下原有光(电)缆进行探测。必要时,在路由复测划线后,邀请各通信运营商、部队、电力、供水、供气等有关单位确认并统计本工程新路由与各单位的管线交越或同沟(平行)位置、长度。

(3) 根据了解和掌握的情况,确定挖掘方式。实施人工挖掘时,应对施工人员进行安全教育和交底工作,确保挖沟作业时人员和地下原有各种缆线、管道的安全。

(4) 挖沟时,对地下的电力线缆、供水管、排水管、煤气管道、热力管道、防空洞、通信电缆等,应做如下处理:

① 在施工图上标有高程的地下物,应使用人工轻挖,严禁机械挖沟。

② 没有明确位置高程的,但已知有地下物时,应指定有经验的工人开挖。

③ 在挖掘时发现有地下埋藏物或古墓文物,不得损坏或哄抢,应立即停止开挖并及时报告上级处理。

④ 挖出地下管线并悬空时,在进行适当的包托后,应与沟坑顶面上能承重的横梁用铁线吊起以防沉落。

⑤ 如遇有污水、雨水、管道漏水应予以封堵,对难以修复的应报相关单位修复。

⑥ 如遇煤气、热力管道漏气,特别是有毒、易燃、易爆的气体管道泄漏,施工人员应立即撤出,及时报有关单位修复并停止施工作业。工地负责人应指派专人守护现场,设置围栏警示标志,待修复后,方可复工。

(5) 采用机械挖沟作业时,应对机械作业人员进行安全交底,明确界定机械挖沟的起止段落。对地下原有管线的交越点或近距离平行地段,应设置警示标志,并改用人工挖沟作业,不得使用机械挖沟。

(6) 根据施工现场实际情况,必要时应制定"施工现场抢修应急预案",备好人员、机具、通信工具、仪表器材、车辆等。

(7) 布放光(电)缆注意事项:

① 布放光(电)缆应统一指挥,按规定的旗语和号令行动布放光(电)缆。

② 光(电)缆入沟时不得抛甩,应组织人员从起始端逐段放落,防止腾空或积余。对穿过障碍点及低洼点的悬空缆,应用泥沙袋缓慢压下,不得强行踩落。

③ 采用机械(电缆敷设机)敷设光(电)缆,必须事先清除光(电)缆路由上的障碍物。主机和缆盘工作区周围必须设活动(可拆卸)式安全保护架,并在牵引机之后和敷设主机之前设置不妨碍工作视线的花孔挡板,以防牵引钢丝绳断脱。

④ 对有碍行人、车辆的地段和农村机耕路应采用穿放预埋管,必要时应设临时便桥。

(8) 布放排流线时注意事项:

① 布放排流线应使用"放线车",使排流线自然展开,防止端头脱落反弹伤人。

② 布放时应在交通道口设立警示标志并派人看守,防止兜人、兜车。

③ 挖、埋制作排流线的地线时必须注意保护和避开地下原有设施。

四、敷设管道光(电)缆

1. 人孔、地下室内作业

(1) 应遵守建设单位、维护部门地下室进出、人孔开启封闭的规定。

(2) 进入地下室、管道人孔前，必须进行气体检查和监测，确认无易燃、有毒、有害气体并通风后方可进入。作业时，地下室、人孔应保持自然和强制通风。尤其在"高井脖"人孔内施工，必须保证人孔通风效果。

(3) 在地下室、人孔内作业期间，作业人员若感觉呼吸困难或身体不适，应立即呼救，并迅速离开地下室或人孔，待查明原因并处理后方可恢复作业。

(4) 作业时发现易燃、易爆或有毒、有害气体时，人员必须迅速撤离，严禁开关电器、动用明火，并立即采取有效措施，排除隐患。

(5) 严禁将易燃、易爆物品带入地下室或人孔。严禁在地下室吸烟和生火取暖。地下室、人孔照明应采用防爆灯具。

(6) 严禁在地下室、人孔内点燃喷灯。使用喷灯时应保持通风良好。

(7) 在地下室、人孔内作业时，地下室或人孔上面必须有人监护。上下人孔的梯子不得撤走。

(8) 地下室、人孔内有积水时，应先抽干后再作业。遇有长流水的地下室或人孔，应定时抽水。并做到：

① 使用电力潜水泵抽水时，应检查绝缘性能良好，严禁边抽水、边进入地下室或人孔内作业。

② 在人孔抽水使用发电机时，排气管不得靠近人孔口，应放在人孔下风方向。

③ 冬季在人孔内抽水排放应防止路面结冰。

④ 作业人员应穿胶靴或防水裤防潮。

2. 开启人孔盖及作业

(1) 启闭人孔盖应使用专用钥匙。

(2) 上下人孔时必须使用梯子，放置牢固。不得把梯子搭在人孔内的线缆上，严禁作业人员蹬踏线缆或线缆托架。

(3) 在有行人、行车的地段开启孔盖施工前，人孔周围应设置安全警示标志和围栏。晚上作业必须设置警示灯，作业完毕确认孔盖盖好后再拆除。

(4) 雨、雪天作业时，在人孔口上方应设置防雨棚，人孔周围可用砂土或草包铺垫。

3. 敷设管道光(电)缆

(1) 清刷管道时，穿管器前进方向的人孔应安排作业人员提前到位，以便使穿管器顺利进入设计规定占位的管眼，不得因无人操作而使穿管器在人孔内盘团伤及人孔内原有光(电)缆。

(2) 人孔内作业人员应站在管孔的侧旁，不得面对或背对正在清刷的管孔。严禁用眼看、手伸进管孔内摸或耳听判断穿管器到来的距离。

(3) 机械牵引管道电缆应使用专用牵引车或绞盘车，严禁使用汽车或拖拉机直接牵引。机械牵引电缆使用的油丝绳，应定期保养、定期更换。

(4) 机械牵引前应检验井底预埋的 U 型拉环的抗拉强度。

(5) 井底滑轮的抗拉强度和拴套绳索应符合要求，安放位置应控制在牵引时滑轮水平切线与管眼同一水平线的位置。

(6) 井口滑轮及安放框架强度必须符合要求，纵向尺寸应与井口尺寸匹配。

(7) 牵引时，引入缆端作业人员的手臂必须远离管孔。引出端作业人员应避开井口滑轮、井底滑轮以及牵引绳。

(8) 牵引绳与电缆端头之间必须使用活动"转环"。

(9) 敷设管道电缆必须有统一作业方案和设置专人指挥。

五、气吹敷设光缆

(1) 在交通口处必须设置作业警示标志，在人口密集区必须设置隔离栏，应有专人看守，严禁非作业人员进入吹缆作业区域。

(2) 吹缆时，非设备操作人员应远离吹缆设备和人孔，作业人员不得站在光缆张力方向的区域。

(3) 如遇有硅芯管道障碍需要修复时，应停止吹缆作业。必须待修复完毕后方可恢复吹缆作业，严禁在没有指令的情况下擅自"试吹"。

(4) 吹缆时在出缆的末端人孔作业人员应站在气流方向的侧面，防止硅芯管内的高压气流和沙石溅伤。

(5) 吹缆机(含空压机及液压设备)的使用：

① 吹缆机操作人员应佩戴防护镜、耳套(耳塞)等劳动保护用品，手臂应远离吹缆机的驱动部位。

② 严禁将吹缆设备放在高低不平的地面上。

③ 作业人员必须远离设备排出的热废气。

④ 严禁设备的排气口直对易燃物品。

⑤ 在液压动力机附近，严禁使用可燃性的液体、气体。

⑥ 当汽油等异味较浓时，应检查燃料是否溢出和泄漏。必要时，应停机。

⑦ 检查机械部分的泄漏时应使用卡纸板，不得用手直接触摸检查。

⑧ 输气软管必须连接牢固。当出现老化、破损等现象时应及时更换。

⑨ 吹缆液压设备在加压前应拧紧所有接头。空压机启动后，值机人员不得远离设备并随时检查空压机的压力表、温度表、减压阀。空气压力不得超过硅芯管所允许承受的压力范围。

⑩ 空压机排气阀上连有外部管线或输气软管时，不得移动设备。连接或拆卸软管前必须关闭空压机排气阀，确保软管中的压力完全排除。

⑪ 吹缆机、空压机、液压设备应严格按说明书的要求进行操作和维护。

六、水底光(电)缆

(1) 在通航河流敷设水底光(电)缆之前，应与航务管理部门洽商敷设时间、封航或部分封航办法，并取得相关单位的协助。

(2) 水底光(电)缆敷设，应根据不同的施工方法和光(电)缆的重量选用载重吨位、船体面积合适、牢固的船只。

(3) 扎绑船只所用绳索和木杆(钢管)应符合最大承受力要求，扎绑支垫应牢固可靠，工作面铺板应平坦，无铁钉露出，无杂物。船舷应设围栏。

(4) 作业船靠岸地点，应选择在便于停船的非港口繁忙区。

(5) 敷设水底光(电)缆前，必须对水上用具、绳索、绞车、吊架、倒链、滑车、水龙带和所有机械设备进行严格的检查，确保安全可靠。

(6) 绞车或卷扬机应牢固的固定在作业船上，作业区域的钢丝绳、缆绳应摆放整齐，防止绞入船桨、船舵。

(7) 水底光(电)缆敷设工作船上应按水上航行规定设立各种标志，船上作业人员和潜水员应穿救生衣。正式敷设前应先进行试敷，确有把握后，才能进行快速放缆。掌握放缆车制动的操作人员应随时控制光(电)缆下水速度。船速应均匀，并且应配备一定数量的备用潜水人员，以便应急替换。

(8) 采用潜水冲槽布放水底光(电)缆作业：

① 潜水员必须是经培训合格的专业人员。

② 潜水员下水前，必须仔细检查潜水衣和附属设备，应齐全、完好(潜水衣导气管是否有破、漏现象，头盔是否严密)。

③ 潜水员的联络电话必须试通可靠。

④ 潜水员必须系牢安全绳。

⑤ 充气设备必须保持良好，潜水员穿好潜水衣后应检查充气情况，方可顺梯下水。

⑥ 潜水冲槽船上必须设专人指挥，并经常与水下人员保持联系。

⑦ 水流速大于 1.2 m/s、水深超过 8 m 时，潜水员不宜下水冲槽。

(9) 采用冲放器布放水底光(电)缆作业：

① 应选择能安全控制船体张力的铁锚。

② 各种钢丝绳应有足够的安全系数，有毛刺或锈蚀严重的钢丝绳不得使用。

③ 作业船的锚绳应能随时控制船体，不得挤压冲放器。

④ 作业前，必须检查冲放器进出水孔道是否堵塞，光(电)缆入水滑槽是否疏通，各连接头是否密闭牢固。

⑤ 水泵、油机等应设专人操作，压力应在安全负荷以内，调压不得过快。

⑥ 动力机械附近不得堆放杂物。

⑦ 在靠近外海边的河道内冲放布放水底光(电)缆作业时，应调查了解潮水涨落的规律和时间，以免涨、退潮时发生海水倒流，防控不及。

(10) 人工截流作业：

① 作业人员必须分工明确并有备用替换人员，全过程必须由专人指挥。

② 作业人员应穿防水靴或防水裤等防护用品。

③ 河底挖沟宽度应根据沟深而定，并操作方便，便于避险。沟内应设置一定数量的安全通道用具，以防紧急情况攀爬撤离。

④ 在河底挖掘时应及时抽干作业区的渗水。在开挖沟深至 0.5 m 时，应开始采取防塌措施。

⑤ 人工截流宜采用不间断的施工方式，施工人员应换班交替作业，夜间施工时必须

有充足照明。

⑥ 对有截堵冲垮、坍塌前兆时应提前采取加固措施。必要时应组织挖沟作业人员撤至安全地带，排除危险后再恢复挖掘。

⑦ 在搬运水泥盖板时，搬运人员应步调一致。在拆除防塌挡板支撑时应小心操作，作业人员应位于安全位置。

(11) 水底光(电)缆敷设后，河流两岸应按规定设置警示标志。

七、高速公路线路

(1) 在高速公路上施工，必须将施工的具体地点、工期、每日作业起止时间、施工方案、车辆牌号、负责人及施工作业人员数量报高速公路管理部门，经批准后方可上路作业。

(2) 在路由复测和施工时应在高速公路隔离带内行走。在高速公路的桥梁地段，应检查桥梁隔离带的结构，不结实时，不得行走。

(3) 施工人员、车辆进入高速公路施工时，应在距离作业地点的来车方向按相关部门的要求分别设置明显的交通警示标志和导向箭头指示标志，按指定位置停放施工车辆，并有专人维护交通。

(4) 施工安全警示标志应根据施工作业点"滚动前移"。收工时，安全警示标志的回收顺序必须与摆放顺序相反。安全警示标志的摆放、回收及看守应由专人负责。

(5) 作业起止时间应在规定的时间之内，不得拖延收工时间。

(6) 施工人员和其他相关人员进入高速公路施工现场时，必须穿戴专用的交通警示服装。

(7) 施工人员应避免或尽量减少横穿高速公路，不得随意进入非作业区。

(8) 所有的施工机具、材料应放置在施工作业区内。盘"8"字的作业人员不得超过作业区隔离边界。

八、墙壁光(电)缆

(1) 在人员密集区施工时必须设置安全警示标志，必要时设专人值守。非作业人员不得进入墙壁线缆作业区域。

(2) 在登高梯上作业时，不得将梯子架放在住户门口。在不可避免的情况下，应派人监护。

(3) 墙壁线缆在跨越街巷、院内通道等处，其线缆的最低点距地面高度不得小于 4.5 m。

(4) 在墙壁上及室内钻孔布放光(电)缆时，如遇与近距离电力线平行或穿越，必须先停电后作业。

(5) 墙壁线缆与电力线的平行间距不小于 15 cm，交越的垂直间距不小于 5 cm。对有接触摩擦危险隐患的地点，应对墙壁线缆加以保护。

(6) 在墙壁上钻孔时应用力均匀。铁件对墙加固应牢固、可靠。

(7) 收紧墙壁光(电)缆吊线时，必须有专人扶梯且轻收慢紧，严禁突然用力而导致梯子侧滑摔落。收紧后的吊线应及时固定、拧紧中间支架的吊线夹板和做吊线终端。

(8) 跨越街巷、居民区院内通道地段时，安装光(电)缆挂钩应使用梯子，并有专人扶守搬移。严禁使用吊线坐板方式在墙壁间的吊线上作业。

九、线路终端设备安装

1. 安装分线盒(分线箱)

(1) 安装杆上、墙壁分线盒(分线箱)安全注意事项参照墙壁光(电)缆安全施工的相关内容。

(2) 分线盒(分线箱)安装完毕，应及时盖好扣牢，盒盖不得坠落。

2. 安装架空式交接箱

(1) 必须首先检查 H 杆是否牢固，如有损坏应换杆。

(2) 采用滑轮绳索牵引吊装交接箱应拴牢，并用尾绳控制交接箱上升时不左右幌动。严禁直接用人扛抬举的方式移置交接箱至平台。

(3) 上、下交接箱平台时，应使用专置的上杆梯、上杆钉或登高梯。如采用脚扣上杆，应注意脚扣固定位置和杆上铁架。不得徒手攀登和翻越上、下交接箱平台。

(4) 安装架空式交接箱和平台时必须在施工现场设置围栏。

3. 在通信机房安装光(电)缆成端设备

(1) 不得随意触碰正在运行设备。

(2) 走线架上严禁站人或攀踏。

(3) 临时用电应经机房人员允许，使用机房维护人员指定的电源和插座。

 思考题

1. 写出架空杆路工程施工流程。

2. 在整个施工过程中，怎么样控制施工安全？

3. 在路由复测时，安全要求有哪些？

4. 在进行凿石质杆洞和土石方爆破时，有哪些安全操作事项？

5. 上杆作业有哪些操作规范？

6. 写出安装和拆换拉线作业的安全要求。

7. 布放架空光缆时，乘坐吊板作业，从安全角度出发我们应该怎样做？

8. 直埋光缆施工，人工开挖时怎么做？

9. 布放排流线的安全要求有哪些？

10. 进入人孔作业时有哪些主要事项，怎么操作？

11. 高速公路上施工安全操作事项有哪些？

第五章　通信管道工程

一、一般安全要求

一般安全要求如下列所列：

(1) 在城镇或交通路口施工必须摆放安全警示标志，设置围栏、挡板等防护设施，夜间应设置警示灯。

(2) 在工地堆放机具、材料时，应选择在不妨碍交通，行人少、地面平整的地方堆放，堆积高度不宜超过 1.5 m，不得随意堆放在沟边，必要时应采取保护措施。

(3) 在沟坑内工作时，应随时注意沟坑的侧壁有无裂痕、护土板的横撑是否稳固，起立或抬头时应注意横撑碰头。

(4) 在未得到施工负责人同意前，严禁随意变动和拆除支撑。

(5) 上下沟槽时应使用梯子，不得攀登沟内外设备。图 1-5-1 所示为管道施工安全图。

（a）相邻作业人员间必须保持2 m以上间隔　　　（b）施工区域摆放警示标志

（c）城市施工，施工区域摆放　　（d）疏松土壤在沟深超过一米时，要装置护土
　　警示标志要较密集

（e）必要时，改为有经验的作业人员进行人工摧挖　　（f）野蛮施工造成地下原有管线被破坏。

图 1-5-1　管道施工安全图

二、测量划线

(1) 测量时应根据现场实际情况，分段丈量。皮尺、钢卷尺横过公路或在路口丈量时，应注意行人和车辆，不得被车辆碾压。

(2) 露天测量时，观测者不得离开测量仪器。因故需要离开测量仪器时，应指定专人看守。测量仪器不用时，应放置在专用箱包内，专人保管。

(3) 沿管线路由钉的水平桩或中心桩，不得高出路面 1 cm 以上。

(4) 电测法物探作业必须遵守下列规定：

① 进行电测法物探作业时，发电设备必须在得到物探操作员的指令后，方可向测试点供电。检查供电线路时必须切断电源。

② 电测法物探作业，在供电前操作人员必须先检查线路，严防短路。供电时，操作人员必须随时与跑极人员联系。拆除线路时，应先拆除电源线。

③ 当供电电压高于安全电压时，所有跑极人员必须戴绝缘手套。非操作人员不得拨动仪器和供电装置。

④ 用断开电极的方法检查漏电时，跑极人员必须戴绝缘手套，不准直接用手断开或连接导线。操作人员必须随时与跑极人员联系，确认无误后再进行工作。

⑤ 电测法物探作业时，测试线接近或横穿架空输电线路下方时，必须将导线固定在木桩上，并保证导线沿地表布设。联合剖面、充电等方法的远极导线不得沿输电线路布设。电测导线必须与架空输电线保持足够的安全距离。

⑥ 物探测试仪器应放在干燥处。如在潮湿地区工作时，操作人员脚下和仪器下应铺设绝缘胶板。

⑦ 雷雨天不得进行电测法物探作业及收放导线。

(5) 井下勘查作业必须遵守下列规定：

① 打开井盖至少 5 分钟以上方可探视井下情况。

② 下井调查或施放探头、电极、导线前，必须进行有毒、有害及可燃气体的浓度测定，超标的人井必须采取安全防护措施后才能进行作业。

③ 井口必须有人看守并设置安全警示围栏。

④ 禁止在井内或通道内吸烟及使用明火。

⑤ 夜间作业时，应有足够的照明度。

⑥ 井下作业完毕或作业人员离开人井时应及时盖好井盖。

(6) 使用大功率的电动机具设备施工时，如工作电压超过 36 V，作业人员应戴绝缘手套、穿绝缘鞋。交流电源闸刀引接处附近应设置明显的警示标志，并设专人监护。所有电器设备外壳必须接地良好。雷雨天气时，严禁使用大功率电动机具设备在露天施工。

(7) 对地下管线进行开挖验证时，应防止损坏管线。严禁使用金属杆直接钎插探测地下输电线和光缆。在地下埋有输电线路的地面或在高压输电线下测量时，严禁使用金属标杆、塔尺。严禁在雨天、雾天、雷电天气下，在高压输电线下作业。

三、土方作业

(1) 施工前，应按照批准的设计位置与有关部门办理挖掘手续，做好施工沿线的安全宣传工作，劝告居民，教育儿童不要在沟边、沟内玩耍。

(2) 开挖沟槽时，应熟悉设计图纸上标注的地上、地下障碍物具体位置并做好标志，同时应在沟槽起止的两端设置警示标志。必要时，沿线应围栏，非作业人员不得进入现场。

(3) 挖掘土石方，应从上而下进行，不得采用掏挖的方法。在雨季施工时应做好防、排水措施。

(4) 人工开挖土方或路面时，相邻作业人员间必须保持 2 m 以上间隔。施工区域按规定设置作业区和安全警示标志。在高速公路上作业要在作业前端 300 m 开始设置警示标志并设专人负责指挥交通。如图 1-5-2 所示。

图 1-5-2　管道开挖图

(5) 使用风镐开凿路面时，应遵守下列规定：

① 风镐各部位接头必须紧固，不漏气。胶皮管不得缠绕打结。不得用折弯风管的办法作断气之用。不得将风管置于胯下。

② 风管连接风镐后应试送气，检查风管内有无杂物堵塞。送气时，应缓慢旋开阀门，不得猛开。

③ 钢钎插入风镐后不得开机空钻。

④ 风镐的风管通过路面时，必须将风管穿入钢管作硬性防护。

⑤ 利用机械破碎路面时，必须设专人统一指挥，操作范围内不得有人。

(6) 流砂、疏松土质的沟深超过 1 m 或硬土质沟的侧壁与底面夹角小于 115°且沟深超过 1.5 m 时，应安装挡土板。

(7) 在房基土或是废土地段开挖的沟坑，必须安装挡土板。

(8) 在陡坎地段挖沟，应防止松散的石块、悬垂的土层及其他可能坍塌的物体滚下。

(9) 在靠近建筑物挖沟、坑时，应视挖掘深度做好必要的安全措施。如采用支撑办法无法解决时，应拆除容易倒塌的建筑物，回填沟、坑后再修复建筑物。

(10) 挖沟时，对地下的电力线缆、供水管、排水管、煤气管道、热力管道、防空洞、通信电缆、地下构筑物等的保护，应参照直埋线路相关章节。

(11) 沟槽出土的堆放:

① 挖出的土、石,不得堆在消防栓井、邮筒、上下水井,雨水口及各种井盖上。

② 从沟底向地面掀土,应注意上边是否有人。沟坑深在 1.5 m 以上者,应有人在地面清土,堆放在距离沟、坑边沿 60 cm 以外,使土、石不致回落于沟内。同时组织清运交通道路上的土、石方。

(12) 作业人员不得在沟内向地面乱扔石头、土块和工具。

(13) 挖沟后,如不能及时回填土,应在沟坑经过的道口、单位、住户门口等地段及时搭设临时便桥。搭设的便桥应符合要求,确保安全。在繁华地区,便桥左右应加设围挡和明显标志。

(14) 开挖隧道注意事项:

① 施工人员不得将工具碰撞支撑架及护土板。

② 隧道内应有足够的照明设备和通风设备。照明设备和通风设备应用低压电源和绝缘强度高的电缆。

③ 隧道内应保持通风,注意对有毒气体的检查。遇有可疑现象,应立即停止施工,并报告工地负责人处理。

(15) 每天开工前或雨后复工时,必须检查沟壁是否有裂缝,撑木是否松动。发现土质有裂缝,应及时加强支撑后再进行作业,雨后沟坑内淤泥应先清挖干净。严禁施工人员在沟坑内或隧道中休息。

(16) 在原有人孔处改建、新建人孔和管道时,严禁损坏原有的光、电缆。必要时,应加横杆悬吊或隔离保护。

(17) 管道回填土注意事项:

① 塑料管道在回填土时应根据设计要求,在布放安全警示带后再逐层回填。

② 使用电动打夯机回土夯实时,手柄上应装按钮开关,并做绝缘处理。操作人员必须戴绝缘手套、穿绝缘鞋。电源电缆应完好无损,严禁夯击电源电缆。严禁操作人员背向打夯机牵引操作。

③ 使用内燃打夯机,应防止喷出的气体及废油伤人。

④ 在隧道内回土,不得一次将所有的护土板和撑木架拆除,应逐步拆除护土板和支撑架,并逐步层层夯实,没有条件夯实的地方应用砖、石填实。

四、钢筋加工

(1) 钢筋冷拉作业注意事项:

① 应检查卷扬机的钢丝绳、地锚、钢筋夹具、电气设备等,确认安全可靠后方可作业。

② 冷拉钢筋时,应在拉筋场地两端地锚以外的边沿设置警戒区,装设防护挡板及警示标志。操作人员必须位于安全地带,在钢筋两侧的 3 m 以内及拉筋两端严禁站人。严禁跨越钢筋和钢丝绳。

③ 卷扬机运转时,严禁人员靠近拉筋和牵引钢筋的钢丝绳。运行中出现钢筋滑脱、绞断等情况时,应立即停机。

④ 拉筋速度宜慢不宜快,钢筋基本拉直时应暂停,再次检查夹具是否牢固可靠,并

按照安全技术要求控制钢筋在拉制过程中的伸长值。

(2) 弯曲钢筋时，应将扳子口夹牢钢筋。

(3) 绑扎钢筋骨架应牢固，将扎好的铁丝头搁置下方。

五、模板、挡土板

(1) 制作模板和挡土板的木料不得有断裂现象。支撑挡土板及撑木、模板必须装钉牢固、平整，不得有钉子和铁丝头突出。

(2) 支撑人孔上覆模板作业时，不得站在不稳固的支撑架上或尚未固定的模板上作业。

(3) 模板与挡土板在安装和拆除前后应堆放整齐，不得妨碍交通和施工。拆除的模板、横梁、撑木和碎板有铁钉时应将铁钉起除。

(4) 拆除挡土板时注意：

① 如有塌方危险，应先回填一部分土，经夯实后再拆除。必要时加装新支撑与垫板，再由下面往上拆除，逐步回填土，最后将全部木撑及挡土板拆除。

② 在流砂或潮湿地区，拆除比较困难或危险时，模板可留在回填土的坑内。

③ 若靠近沟坑旁的建筑物地基底部高于沟底，回土时挡土板不得拆除。

六、混凝土

(1) 搬运水泥、筛选砂石及搅拌混凝土时应戴口罩，在沟内捣实时，拍浆人员应穿防护鞋。

(2) 混凝土盘应平稳放置于人孔旁或沟边，沟内人员必须避让。

(3) 搅拌机上、下料时，每次重量不得超过本机规定的负荷。出料时，料口应放下。

(4) 混凝土运送车应停靠在沟边土质坚硬的地方，放料时人与料斗应保持一定的角度和距离。应使用专用机、器具将混凝土倒入沟槽内。

(5) 向沟内吊放混凝土构件时，应先检查构件是否有裂缝，吊放时应将构件系牢慢慢放下。

七、铺管和导向钻孔

1. 人工铺管

(1) 管材应堆放整齐，不得妨碍交通和施工，不得放在土质松软的沟边。

(2) 水泥管块堆放不宜高出 1 m，管块应平放，不得斜放、立放。

(3) 由沟面搬运水泥管块下沟时，应用安全系数较高，具有足够承载力的绳索吊放。绳索每隔 40 cm 打一个结，待沟内人员接稳后，再松开绳索。必要时，可由沟面至沟底搭设木(铁)板，木板的厚度不得小于 4 cm。用绳索将水泥管块沿木(铁)板下滑吊放。

2. 非开挖顶管

(1) 工作坑内钢管入口处的墙面必须进行支护，防止夯击顶管时塌方。

(2) 夯击顶管前必须对设备、工器具安装进行检查，确认无误后可开始施工。图 1-5-3 所示为非开挖顶管作业现场。

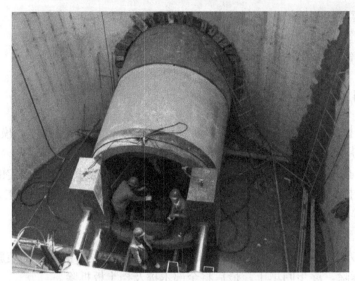

图 1-5-3　非开挖顶管作业现场图

(3) 需作业人员进入管内作业时，坑内、坑外必须有专人监护。

(4) 工作坑内有人作业时，应禁止在工作坑上方及周围进行吊装作业。

(5) 专用吊装器具使用前应由专人检查。吊具必须定期更换，严禁超期使用。

(6) 使用大锤或其他工具夯击钢圈或钢管时，非作业人员应离开夯击顶管工具的活动范围。

(7) 夯击顶管过程中，工作坑内严禁站人。

(8) 在管内进行电、气焊作业时，必须有通风设施，并设专人监护。

(9) 雨季施工应制定和落实防水、防坑壁坍塌的措施。

3. 非开挖导向钻孔铺管

(1) 施工前必须对地上、地下物进行调查，了解其他地下管线的确切位置，绘制控制钻头钻进位置图纸，严禁盲目定向钻孔施工。钻杆设备与电力线应保持 2.5 m 以上的距离，在高压电力网附近施工时机具必须接地可靠。

(2) 施工前必须对导向钻设备安装情况进行检查，检查设备的液压系统、泥浆润滑系统和钻杆各部件的状态并根据施工场地的地层土质和技术要求选配定向钻导向钻孔的润滑泥浆。电气设备必须做到防雨、防潮、有可靠的接地保护。

(3) 钻孔时，应仔细观察钻机的给进油压表、回转油压表以及泥浆压力表的读数，测试、核对和调整钻头在地下钻进的位置、方向。操作人员应注意观察设备各运行部位，发现钻进出现异常等情况时，应立即停机检查。

(4) 在设备运转过程中，不得进行擦洗和修理。严禁靠近设备的旋转和运动部位。图1-5-4 所示为非开挖导向钻孔示意图。

(5) 装卸塑料管时要有足够人员，听从统一指挥，不可抛掷。钻机拖带管前应将塑料管"一"字放开，依次理顺，摆放在不影响交通的地段。穿放的塑料管，必须用整条塑料管，中间不得有接头。

(6) 使用管钳扭卸钻杆和钻具时，应避开管钳回落范围，手不准捏在管钳根部。

图 1-5-4　非开挖导向钻孔铺管示意图

4. 光(电)线路顶管铺设

光(电)缆路由在通过铁路、公路、河堤采用顶管预埋钢管或定向钻孔铺管时，在顶管或定向钻孔前必须将顶管区域内其他地下设施(如通信光缆、通信电缆、电力电缆、上水管、下水道、煤气管、铁路信号线路等)的具体位置调查清楚，制定方案，保持安全距离。

八、砖砌体

砖砌体施工注意事项：

(1) 砌筑人孔及人孔内、外壁抹灰高度超过 1.2 m 时，应搭设脚手架作业。

(2) 脚手架使用前应检查脚手板是否有空隙、探头板，确认合格后方可使用。脚手架上堆砖高度不得超过 3 层侧砖。同一块脚手板上不得超过二人作业，严禁用不稳固的工具或物体在脚手架上垫高作业。

(3) 砌筑作业面下方不得有人，垂直交叉作业时必须设置可靠、安全的防护隔离层。不得在新砌的人孔墙壁顶部行走。

(4) 人孔内有人作业时，严禁将材料、砂浆向基坑内抛掷和猛倒。

(5) 在进行人孔底部抹灰作业时，人孔上方必须有专人看护。

(6) 吊装人孔上覆作业时注意事项：

① 起重机工作场地应平坦坚实，离沟渠、基坑应有足够的安全距离，保证在工作时不沉陷。

② 作业前应确认起重机的发动机传动部分、制动部分、仪表、钢丝绳以及液压传动等正常，方可正式作业。

③ 起重机支腿应全部伸出，在撑脚板下垫方木，调整机体。支腿有定位销时必须插上。

④ 起重机变幅应平稳，严禁猛起猛落臂杆。吊装上覆时，应有专人指挥，其下方不得有人员停留或通过，禁止在吊起来的上覆下面进行作业。

⑤ 起吊和安装人孔上覆时，人孔内不得有人。

⑥ 起重机在作业时不得靠近架空输电线路，应保持安全距离。

(7) 人孔口圈至少四人抬运，砌好人孔口圈后，必须及时盖好内、外盖。

九、管道试通

管道试通注意事项:

(1) 大孔管道试通,应使用试通管试通。小孔管道试通,可用穿管器带试通棒试通。穿管器支架应安置在不影响交通的地方,并有专人看守,不得影响行人、车辆的通行。必要时,应在准备试通的人孔周围设置安全警示标志。

(2) 人孔内的试通作业人员应听从统一指挥,避免速度不均匀造成手臂受伤或试通线打背扣。

 思考题

1. 开挖位置附近已敷设供排水、燃气、电力线路、通信线路等地下设施,作业时有什么风险? 安全控制点有哪些?

2. 开挖位置附近已敷设供排水、燃气、电力线路、通信线路等地下设施,有哪些防范措施?

3. 通信管道井下作业前有哪些处理措施?

4. 在进行非开挖导向钻孔铺管时,有哪些技术和安全防范措施?

5. 采用起重机吊装人孔上覆作业时,安全操作规范有哪些?

复习题二

一、填空题

1. 在河流、深沟、陡坡地段布放吊线、光(电)缆、排流线时应采取措施,防止作业人员因(　　　)坠落。

2. 在勘察、测量施工时,应对路由经过的沿线环境进行(　　　),如有毒植物、毒蛇、血吸虫、猛兽和狩猎器具、陷阱等,应在施工前(　　　)并采取相应的(　　　)。

3. 在松软土质或流沙地质上、打长方形或 H 杆洞有坍塌危险时,应采取 (　　　)等防护措施。

4. 爆破必须由持(　　　)的专业人员进行,并对所有参与作业者进行爆破(　　　)。

5. 布放光(电)缆应用专用(　　　)或(　　　)支撑缆盘。

6. 缆线在沟槽、池塘、陡坡、河沿及转弯等地段布放时,应有(　　　)和(　　　),严防光(电)缆张力兜拉人员坠落和光缆损伤。

7. 立杆前应认真观察地形及周围环境。根据所立电杆的材料、规格和重量合理配备(　　　),(　　　),(　　　)。

8. 严禁在(　　　)正下方(尤其　　　)立杆作业。当架空的通信线路穿过输电线时,经测量、计算吊线与(　　　)达不到安全净距时,则必须(　　　)通信线路设计,必要时可改为由地下通过。

9. 升高或降低吊线时,必须使用(　　　),尤其在吊档、顶档杆操作必须稳妥牢靠,不许(　　　)。

10. 在原拉线位置或拉线位附近安装新拉线时,应先制作(　　　),(　　　)挖新拉线坑时将原有拉线地锚挖出而(　　　)不足使地锚移动发生倒杆事故。

11. 在电力线下或附近作业时,严禁作业人员及设备与电力线接触。在高压线附近进行架线、安装拉线等作业时,离开高压线最小空距应保证:35 kV 以下为(　　　),35 kV 以上为(　　　)。

12. 进入(　　　)、(　　　)前,必须进行(　　　)和(　　　),确认无易燃、有毒、有害气体并通风后方可进入。作业时,地下室、人孔应保持(　　　)和(　　　)通风。尤其在"高井脖"人孔内施工,必须保证人孔通风效果。

13. 在交通口处必须设置作业(　　　),在人口密集区必须设置(　　　),应有(　　　),严禁(　　　)进入吹缆作业区域。

14. 沿管线路由钉的水平桩或中心桩,不得高出路面(　　　)以上。

15. 人工开挖土方或路面时,相邻作业人员间必须保持(　　　)以上间隔。

二、选择题

1. 在高压线下方或附近进行作业时，作业人员的身体(含超出身体以外的金属工具或物件)距高压线及电力设施最小间距应保持：1 kV～35 kV 的线路为(   )m。

    A．2.0   B．2.5   C．3.0   D．4.0

2. 人工挖沟作业时，相邻的作业人员必须保持(   )m 以上的距离。

    A．2.0   B．2.5   C．3.0   D．4.0

3. 人工挖沟作业沟深超过(   )m 时，在易坍塌或流砂地点必须装置挡土板。

    A．1.0   B．1.5   C．2.0   D．2.5

4. 人工挖沟作业时，从沟中或土坑内向上抛土，应注意沟、坑上边的人员流动情况，沟坑深超过(   ) m 时，应有专人在上面清理土石，土石应堆在距离沟、坑边沿 0.6 m 以外。

    A．1.0   B．1.5   C．2.0   D．2.5

5. 铺管(塑料管、水泥管)、砌砖体作业，管块、砖块不准放在土质松软的沟边，严禁斜放、立放或垒落于沟边。向沟下传递管块时，必须用直径(   ) cm 以上的坚实绳索，其绳索每隔 40 cm 打一个结，以免从传递人手中滑脱；递下的管块待沟内人员接妥后再放松绳索。

    A．1.0   B．1.5   C．2.0   D．2.5

6. 人孔口圈至少(   )人抬运，用力均衡。

    A．2.0   B．2.5   C．3.0   D．4.0

7. 在(   )钢绞线以下的吊线或终结应做在墙壁上的吊线上，不准使用滑车。

    A．7/2.0   B．7/2.2   C．7/2.6   D．7/3.0

8. 墙壁线缆在跨越街巷、院内通道等处，其线缆的最低点距地面高度应不小于(   )m。

    A．2.0   B．2.5   C．3.5   D．4.5

9. 在墙上及室内钻孔布线时，如遇与电力线平行或穿越，必须先停电、后作业；墙壁线缆与电力线的平行间距不小于(   ) cm，交越间距不小于 5 cm。

    A．10   B．15   C．20   D．25

10. 杆上有人作业时，距杆根半径(   )m 内不得有人。

    A．2.0   B．2.5   C．3.0   D．4.0

11. 根据国家标准《高空作业分级》GB3608—83 规定的：凡在坠落高度基准面(   )m 以上有可能坠落的高处进行的作业称为高空作业。

    A．2.0   B．2.5   C．3.0   D．4.0

12. 上杆作业时，随身携带工具的总重量不准超过(   )kg；操作中暂不使用的工具必须随手装入工具袋内。

    A．3.0   B．3.5   C．4.0   D．5.0

13. 作业人员上杆必须先扣好安全带，并将安全带的围绳环绕电杆扣牢再上；安全带应固定在距杆梢(   )m 下面的安全可靠处，扣好保险锁扣方可作业。

    A．0.5   B．1.5   C．2.5   D．3.0

14. 安全带(绳)使用或存放一段时间，应进行可靠性试验。检测办法：将( )kg 重物穿过安全带( )中，悬空挂起，无裂痕、折断才能使用。

    A. 50   B. 80   C. 100   D. 200

15. 上杆作业使用的脚扣的踏脚板必须经常检测，其检测方法是：采取在踏脚板中心悬吊( )kg 重物，检查是否有受损变形迹象。

    A. 100   B. 200   C. 250   D. 300

三、多选题

1. 沿高速公路作业应遵守( )。

    A. 必须将施工的具体地点、时间和施工方案报高速公路管理部门，经批准后方可作业

    B. 必须在距离作业点来车方向 100 m 处逐级设置安全警示标志

    C. 所用的工具、料具应安全地堆放在路基护栏外侧或隔离带内

    D. 作业人员必须穿着带有反光条的工作服

2. 进入山区和草原作业应遵守( )。

    A. 在山岭上攀登，不准站在有裂缝易松动的地方或不牢固石块的边缘上

    B. 在林区、草原或荒山等地区作业，严禁烟火；确需动用明火时，应征得相关部门同意，并制订严密的防范措施

    C. 在已知野兽出没的地方行走和住宿时，应特别注意防止野兽的侵害

    D. 不准触碰猎人设置的捕兽陷阱或器具；不准食用不知名的野果或野菜；不准喝生水

    E. 禁止在有塌方、山洪和泥石流危害的地方架设帐篷

3. 砍伐树木时，作业人员应遵守( )。

    A. 应选择安全可靠的站立和立梯位置

    B. 砍伐较大树木时，必须先砍伐主干，再砍伐支干

    C. 沿街道伐树时，必须在树木周围设置安全警示标志，并设专人指挥行人和车辆通行

    D. 攀登树木前，必须先了解树木的脆韧性，充分估计站立的树枝能否承受身体的重量

    E. 遇树上有蜂窝或毒蛇等动物时，伐树前应采取措施

4. 人工挑、扛、抬器材等作业应遵守( )。

    A. 每人负载一般不超过 80 kg，抬起超过 80 kg 以上物体时，应以蹲姿起立

    B. 物体捆绑要牢靠，着力点应放在物体允许处，受剪切力的位置应加保护

    C. 抬电杆或笨重物体时应佩戴垫肩；抬杆时要顺肩抬，统一指挥，脚步一致，同时换肩；过坎、越沟或遇泥泞路面时，前者要向后者打招呼；抬起和放下时统一号令，互相照应

    D. 多人抬运笨重设备和料具时，必须事前研究搬运方法，统一指挥，人员的多少、高矮、所放肩位都应视具体情况恰当安排，必要时应有备用人员替换

5. 短距离采用滚筒等撬运、拉运笨重器材时应遵守(　　)。

    A. 物体下方所垫滚筒(滚杠)应保持两根以上；如遇软土，滚筒下应垫木板或铁板，以免下陷

    B. 撬拉点应放在物体允许承力位置，滚移时要保持左右平衡，上下坡应注意用三角枕木等随时支垫或用绳拉住物

    C. 注意滚筒和物体移动方向，作业人员不准站在滚筒运行的后方。

    D. 以上均不对

6. 启闭人孔盖应遵守(　　)。

    A. 启闭人孔盖应用钥匙，防止受伤

    B. 雪、雨天作业注意防滑，人孔周围可用砂土或草包铺垫

    C. 开启孔盖前，人孔周围应设置明显的安全警示标志和围栏，作业完毕，确认孔盖盖好后再撤除

    D. 以上均不对

7. 下人孔作业应遵守(　　)。

    A. 必须先行通风，确认无易燃、有毒有害气体后再下孔作业；作业人员必须戴好安全帽，穿防水裤和胶靴

    B. 人孔内如有积水，必须先抽干；抽水时必须使用绝缘性能良好的水泵

    C. 在人孔内作业，最好有两人以上，孔外应有专人看守，随时观察孔内人员情况

    D. 严禁在孔内预热、点燃喷灯，吸烟和取暖；燃烧着的喷灯不准对人

    E. 在孔内需要照明时，必须使用行灯或带有空气开关的防爆灯

8. 封焊线缆使用喷灯应遵守(　　)。

    A. 使用喷灯前应仔细检查，确保喷灯不漏气、漏油，加油不准装满，气压不可过高

    B. 不准在任何易燃物附近预热、点燃和修理喷灯；不准把喷灯放在火炉上加热

    C. 燃烧着的喷灯不准加油，加油时必须将火焰熄灭，待冷却后才能加油

    D. 喷灯用完后，必须及时放气，并开关一次油门，避免喷灯堵塞

    E. 不准用喷灯烧水、烧饭等

9. 管道线缆敷设应遵守(　　)。

    A. 作业前，必须检查使用的各种机具，确保齐备完好；作业时，工具不准随意替代

    B. 线缆盘上拆除的护板和护板上的钉子必须砸倒，妥善堆放；缆盘两侧内外壁上的钩钉应拔掉

    C. 千斤顶须放平稳，其活动丝杆顶心露出部分，不准超出全丝杆的4/5；若不够高，可垫置专用木块或木板；有坡度的地方，底座下应铲平或垫平

    D. 放缆时，使用的滑车、钩链应严格检查，防止断脱；人孔内作业人员不得靠近管口

    E. 人工、机具牵引线缆时，速度应均匀

10. 敷设埋式线缆应遵守(　　)。

    A. 敷设埋式线缆时应统一指挥

B．线缆入沟时，严禁抛甩，应逐段敷设；穿过障碍或悬空时不准强行蹬踩落地

C．用机械敷设线缆，必须先清除路由上的障碍物，并在牵引机后，敷设主机前，设不妨碍作业视线的带孔挡板。防止牵引钢丝绳崩断反弹

D．线缆路由如需通过铁路、公路、河堤，采用顶管法预穿钢管时，顶管前必须将顶管区域内的其他地下设备(如电力电缆、下水管、下水道、煤气管、其他通信线缆)的具体埋设位置调查清楚，避免发生人身和其他事故

11. 使用吹缆机及空压机应遵守(　　)。

A．吹缆机操作人员必须佩戴护目镜、耳套等劳动防护用品

B．严禁将吹缆设备放在高低不平的地面上

C．严禁作业人员在密闭的空间操作设备，必须远离设备排除的热废气

D．应保持液压动力机与建筑物和其他障碍物的间距在 0.5 m 以上；严禁设备的排气口直对易燃物品

E．空压机排气阀上连有外部管线或软管时，不准移动设备；连接或拆卸软管前必须关闭缩压机排气阀，确保软管中的压力完全排除

12. 潜水员潜水冲槽应遵守(　　)。

A．下水前，必须仔细检查潜水衣和附属设备是否齐全完好；潜水衣导气管必须无破、漏现象，头盔垫必须严密

B．下水时必须系好安全绳，并保持与船上指挥人员的正常联系

C．下水、打气必须有备用人员替换

D．水流速大于 1.2 m/s，不准下水冲槽

13. 开挖隧洞时应遵守(　　)。

A．应在隧洞的顶部搭好支撑支架

B．作业时，若发现顶部与两侧土质有松裂现象，应立即停止作业，作业人员必须立即退出洞外

C．遇天气炎热时，应采取防暑降温措施

D．作业时，应考虑照明、通风、防有毒有害气体等

14. 回填土作业应遵守(　　)。

A．回填前，应由上往下依次逐步拆除沟内护土板

B．沟、坑边沿建筑物的加固支撑，须在回填夯实之后再拆除，不准先拆除、后回填夯实

C．当沟、坑的土未填平时，不准把防护栏全部撤走

D．人工打夯时，必须注意平稳，用力均匀

E．回填洞内土时，应由外向内逐段拆除支撑架，逐段回填土；应边回填土边夯实，同时洞外要有人监护

15. 使用机械顶管机作业必须遵守(　　)。

A．使用前，必须认真检查设备的各个部件，确保安全、可靠

B．顶管机的卡头必须使用吊车装卸，吊车臂下面禁止站人

C．顶管机卡头放入坑内要平稳，并用撑木固定

D．顶管机卡口的规格应与所顶管的直径相匹配

16. 使用非开挖定向钻必须遵守(　　　)。

　　A. 使用前，必须认真检查各连接件牢固、可靠，吊车吊臂下严禁站人

　　B. 操作时，不准超过设备规定的钻杆最大扭矩和拉伸力，钻进(回拖)时，严禁钻杆逆时针旋转

　　C. 非作业人员不准接触设备的任何部位；设备运转时，禁止手或身体的其他任何部位接触设备

　　D. 设备停止运转时，拨动各控制键使机器卸压，打开各部位排水阀排尽积水

　　E. 在调试或维护时，应关闭发动机并取下钥匙，挂上指示牌，确认设备已冷却再进行维修，维护结束后应将护罩盖好并扣好

17. 管线工程施工中使用大锤作业应遵守(　　　)。

　　A. 不允许戴手套操作

　　B. 应戴手套操作

　　C. 作业时，握大锤的人和扶钎的人不准面对面应采取斜对面站立方式

　　D. 操作时用力要均匀，注意节奏，以防疲劳时发生意外

18. 人工立杆应遵守(　　　)。

　　A. 立杆前，应在杆梢适当的位置系好定位绳索

　　B. 在杆根下落处必须使用挡杆板，且杆根抵住挡杆板，并由专人负责压杆根

　　C. 作业人员应使用同侧肩膀，步调一致

　　D. 电杆立起至45°角时应使用杆叉、牵引绳；拉牵引绳用力要均匀，保持平稳，防止电杆摇摆；严禁作业人员背向电杆拉牵引绳

　　E. 电杆立直后应迅速校直，并及时回填、夯实，做好拉线

19. 敷设线缆应遵守(　　　)。

　　A. 敷设线缆时，必须设专人指挥

　　B. 缆盘置放的地面必须平实，必须采用有底平面的专用支架或专用拖车等

　　C. 牵引线缆时，看轴人员不准站在缆盘前方；在拐弯处作业，作业人员必须站在线缆弯曲半径的外侧；在过管口处作业，作业人员的手不准离管口太近，眼及身体严禁直对管口

　　D. 禁止作业人员将线缆挎在身上，以免被线缆拖跌

20. 使用绞盘施放线缆应遵守(　　　)。

　　A. 开动绞盘前应清除工作范围内的障碍物，转动中禁止用手触摸运动的钢丝绳和校正绞盘滚筒上的钢丝绳

　　B. 改变绞盘转动方向必须在滚筒完全停止后进行

　　C. 钢丝绳在绞盘滚筒上排列要整齐；工作时不能放完，至少要留五、六圈

　　D. 以上均不对

四、判断题(正、误分别用"√""×"表示)

1. 对环境复杂或危险性较大的作业，设计单位应当在设计中明确安全施工方案及所用工时与安全所用设备、材料等。(　　　)

2. 施工与维护单位对安全重点地段应根据设计中的安全施工方案,经实地勘察后应提出保障作业人员安全和预防事故的具体措施,施工作业前应逐级进行安全技术交底并签字。( )

3. 施工和维护单位必须为作业人员提供符合国家或行业标准的劳动防护用品、用具;作业人员在作业中根据现场情况决定是否穿戴和使用。( )

4. 施工和维护作业的人员,必须经过安全知识教育和安全操作技能的专业培训与考核,成绩合格后持证上岗。( )

5. 施工和维护作业中使用的电气设备、机械设备以及仪器、仪表等,应由专业人员操作。( )

6. 施工和维护作业中所使用的各类工具、用具、设备及防护用品等在作业前必须进行检查。( )

7. 施工和维护作业前,可以对作业现场和周围环境进行必要的检查。( )

8. 施工和维护单位负责人依法对施工和维护作业的安全全面负责。( )

9. 在作业过程中遇有不明用途的线条,一律按电力线处理,不准随意剪断。( )

10. 上杆作业前,应检查架空线缆,确认其不与电力线接触后,方可上杆;上杆后,先用试电笔对吊线及附属设施进行验电,确认不带电后再作业。( )

11. 在通信线、电力线、有线电视线和广播线混用的杆上作业时,严禁触碰杆上的电力线、有线电视线和广播线及变压器、放大器等设备。( )

12. 在电力用户线上方架设线缆时,严禁将线缆从电力线上方抛过,严禁压电力线拖拉作业,必须在跨越处做保护架,将电力线罩住,施工完毕后再拆除。( )

13. 当电信线与电力线接触或电力线落在地上时,除指定专人采取措施排除事故外,其他人员必须立即停止作业,保护现场,禁止行人进入危险地带;不准用导电物体触动钢绞线或电力线;事故未排除前,禁止恢复作业。( )

14. 在地下线缆与电力电缆交叉或平行埋设的地区施工时,必须反复核对位置,确认无误后方可作业。( )

15. 在带有金属顶棚的建筑物上作业,作业前应戴好绝缘手套、穿绝缘鞋,并对顶棚进行验电,接好地线;作业人员离开顶棚后再拆除地线;拆除地线时,身体不准触及地线。( )

16. 作业现场临时用电可使用电源接线盘,在供电部门或用户同意下指派专人接线;使用的导线、工具必须保证绝缘良好。( )

17. 跨越铁路时,应注意铁路的信号灯和来往的火车。( )

18. 遇有河流,在未弄清河水深浅时,可试探中蹚水过河。( )

19. 在江河、海上及水库等水面上作业时,应配置与携带必要的救生用具,作业人员必须穿好救生衣,听从统一指挥。( )

20. 在洪水季节严禁泅渡过河;在融冰季节或冰的承载力不够时从冰上通过时要格外小心。( )

21. 在水田和泥沼地带作业必须穿长统胶靴,防止蚂蟥、血吸虫等叮咬。( )

22. 机动车载运器材严禁超载,载物的长、宽、高不准违反装载规定。施工运输严禁客、货混装。( )

23. 堆放杆材应排列整齐,梢、根颠倒放置,两侧应用短木或石块塞住;垒放不准超

过五层，并用铁线捆牢。（　　）

24. 线缆地下室内的管孔必须封堵严实，施工打开的管孔，暂停施工时必须及时恢复。

（　　）

25. 在人孔、地下室作业时，最好有两人以上，并保持通风。（　　）

26. 严禁将易燃易爆物品带入地下室；严禁在地下室吸烟。地下室照明，应采用防爆灯具。（　　）

27. 上、下人孔时必须使用梯子，放置牢固，不准把梯子搭在孔内线缆上，严禁作业人员蹬踏线缆或线缆托架。（　　）

28. 管线工程施工严禁作业人员在沟坑内或隧道中休息。（　　）

29. 严禁在电力线路下立杆作业。（　　）

30. 立杆后，未回填夯实前，严禁上杆作业。（　　）

第六章　通信设备工程

一、一般安全要求

一般安全要求包含以下内容:

(1) 设备开箱时应注意包装箱上的标志,严禁倒置。开箱时应使用专用工具,严禁用锤猛力敲打包装箱。开箱后应及时清理箱板、铁皮、泡沫等杂物。雨雪、潮湿天气不得在室外开箱,如图 1-6-1 所示。

图 1-6-1　设备开箱错误示意图

(2) 在机房内搬移设备时,不得损坏地板和其他设备,如图 1-6-2 所示。

图 1-6-2　错误移动设备示意图

(3) 施工作业所用工、机具应完好，不得带"病"作业。

(4) 施工场地应配备消防器材。机房内严禁堆放易燃、易爆物品；严禁在机房内吸烟、饮水。

(5) 在已有运行设备的机房内作业时，应划定施工作业区域。作业人员不得触碰在运设备；不得随意关断电源开关。

(6) 多用插座、电烙铁、手电钻、电锤等工具的电源接线应绝缘良好，严禁将交流电源线挂在通信设备上。

(7) 施工用临时电源应安装漏电保护器，并标明电压和容量。使用机房原有电源插座时必须先测量电压、核实电源开关容量。

(8) 铁架、槽道、机架、人字梯上不得放置工具和器材。高凳上放置工具和器材时，人离开时必须随手取下。搬移高凳时，应先检查、清理高凳上的工具和器材，如图 1-6-3 所示。

图 1-6-3　人字梯上摆放工具图

(9) 高处作业应使用绝缘梯或高凳。严禁脚踩铁架、机架和电缆走道。严禁攀登配线架支架；严禁脚踩端子板、弹簧排。

(10) 涉电作业必须使用绝缘良好的工具，并由专业人员操作。在带电的设备、头柜、分支柜中操作时，作业人员应取下手表、戒指、项链等金属饰品，并采取有效措施防止螺丝钉、垫片、铜屑等金属材料掉落引起短路，如图 1-6-4 所示。

(11) 在运行设备顶部操作时，应对运行设备采取防护措施，严禁工具、螺丝等金属物品落入机柜内。

(12) 重要工序应由操作技术熟练的人员操作。建设单位随工人员或监理人员、工程质检员应在施工现场监督检查。

(13) 系统割接时，应做好割接方案和数据备份，并同时制定应急预案。

(14) 每日工作完毕离开现场前，应清理现场，切断作业电源。检查电源及其他不安全因素，确认无安全隐患。

图 1-6-4　运行设备错误操作图

二、铁件加工和安装

1. 铁件的加工制作

加工铁件时应注意以下事项：

(1) 铁件制作时，加工用的铁锤木柄应牢固，木柄与铁锤连接处，必须用楔子将木柄楔牢固，防止铁锤脱落。

(2) 锯、锉时，加工的铁件应在台虎钳或电锯平台上夹紧。在台虎钳上夹持固定槽钢、角钢、钢管时，应用木块在钳口处垫实、夹牢，不得松动。锯、锉点距钳口的距离不应过远，防止铁件振动损害机具。

(3) 锯铁件时，锯条或砂轮与铁件的夹角要小，不宜超过 10°，锯条松紧适度。锯槽钢、角钢时，不宜从顶角开始，宜从边角开始。当铁件快要锯断时，要降低手锯或电锯的速度，并有人扶住铁件的另一端，防止卡锯或铁件余料飞出，如图 1-6-5 所示。

图 1-6-5　电锯铁件错误操作示意图

(4) 使用电钻钻孔时，应检查电钻绝缘强度，必须符合要求，严禁使用"带病"的电钻。电源插座必须接触良好，不得使用破损、裂纹、松动的插座。

(5) 钻孔时，铁件必须夹紧，固定牢靠，不得左右摆动。钻孔前，应先用铁冲在铁件上对已划好的钻孔点冲一凹点，下钻要对准工件的冲眼，先轻钻一下，检查是否准确，然后再下钻。如图1-6-6所示，钻孔时，用力均匀，钻孔时间较长时，应在钻孔点加注机油，不应使钻头过热。

图 1-6-6　电钻钻孔示意图

(6) 钻孔时，铁件不得卡住钻头，如发生卡住钻头时，必须立即停机处理。

(7) 钻孔超过ϕ10时，应分两次完成，先用ϕ6以下的钻头钻一小洞，然后再更换钻头，将钻孔扩至需要的直径，不得一次完成钻孔。

(8) 管件攻丝、套丝时，攻、套丝的扳手规格应符合要求。管件在台虎钳上固定牢固。如两人操作时，动作应协调。攻、套丝时，应注意加注机油，及时清理铁屑，防止飞溅。

(9) 铁件做弯时，应在台虎钳或作弯工具上夹紧。用锤敲击时，应防止振伤手臂。管件需加热做弯时，喷灯烘烤管件间距适当，操作人员不得面对管口。

(10) 加工铁件应在指定的区域操作，严禁在已安装设备的机房内切割铁件。

(11) 铁件去锈和喷刷漆时，作业人员应戴口罩、手套。喷刷漆现场应配备消防设备，严禁吸烟和引入明火。喷刷后的余漆、废液应集中回收，统一处理，不得随意丢放，如图1-6-7所示。

图 1-6-7　现场喷刷漆操作示意图

2. 安装铁件

需在通信设备的顶部或附近墙壁钻孔时，应采取遮盖措施，避免铁屑、灰尘落入设备内。如图 1-6-8(a)所示。对墙壁、天花板钻孔时，应避开梁柱钢筋和内部管线。使用登高的人字梯作业时应放置稳定，有专人扶持，如图 1-6-8(b)所示为错误做法，无专人扶梯。

(a)   (b)

图 1-6-8 墙壁钻孔操作示意图

三、安装机架和布放线缆

这项工作包括以下内容：

(1) 设备在安装时(含自立式设备)，应用膨胀螺栓对地加固。在抗震地区，必须按设计要求，对设备采取抗震加固措施，如图 1-6-9 所示。

图 1-6-9 设备采取抗震加固措施示意图

(2) 在已运行的设备旁安装机架时应防止碰撞原有设备。

(3) 布放线缆时，不应强力硬拽，并设人看管缆盘。在楼顶上布放引线时，不可站在窗台上作业。如必须站在窗台上作业时，必须扎绑安全带进行保护。图 1-6-10 所示为错误做法，未系安全带。

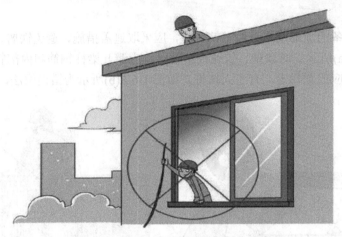

图 1-6-10　楼顶上布放引线错误操作示意图

(4) 布放线缆时应做好标志,其中电源线端头应作绝缘处理。

(5) 在光纤槽道上布放尾纤时,严禁踩踏原有尾纤。在机房原有 ODF 架上布放尾纤时,严禁将在用光纤拔出而引起通信中断。图 1-6-11 所示为施工中踩踏光纤图。

图 1-6-11　光纤槽道上布放尾纤错误操作示意图

(6) 开剖线缆不得损伤芯线。电源线端头必须镀锡后加装线鼻子,线鼻子的规格应符合要求。

(7) 连接电源线端头时应使用绝缘工具。操作时应防止工具打滑、脱落。

(8) 列头柜电源保险容量必须符合设计要求。插拔电源保险必须使用专用工具,不得用其他工具代替。

四、设备加电测试

设备加电时注意事项:

(1) 设备在加电前,应检查设备内不得有金属碎屑,电源正负极不得接反和短路,设备保护地线良好,各级熔丝规格应符合设备的技术要求,如图 1-6-12 所示。

图 1-6-12　设备加电前检查操作示意图

(2) 设备加电时，必须沿电流方向逐级加电，逐级测量，如图 1-6-13 所示。

图 1-6-13　设备加电操作示意图

(3) 插拔机盘、模块时必须佩戴接地良好的防静电手环，如图 1-6-14 所示。

图 1-6-14　插拔机盘、模块操作示意图

(4) 测试仪表应接地，测量时仪表不得过载。

(5) 线路测试(抢修)时，应先断开设备与外缆的连接。

思考题

1. 铁件的加工制作有哪些安全操作规范？
2. 安装铁件时，在通信设备的顶部或附近墙壁钻孔时，应怎样处理？
3. 安装机架和布放线缆时，有哪些注意事项？
4. 设备在加电前，应做什么处理？

第七章　卫星地球站与微波和移动通信天馈线工程

一、卫星地球站的天馈线安装

1. 卫星地球站室外天馈线安装

该安装注意事项如下所列：

(1) 施工前应制定施工组织设计和现场安全施工方案，进行安全技术交底，对所有施工人员应明确分工和职责。

(2) 对起吊机具如卷扬机、铁链、滑轮、吊架等进行检查应完好。钢丝绳、尼龙绳、麻绳等如出现锈蚀、严重磨损、断股等危险隐患时，应禁止使用。

(3) 天线搬运安装现场应设置围栏。从事高处作业的施工人员，必须佩戴符合技术要求的安全带、安全帽，如图 1-7-1 所示。

图 1-7-1　天线搬运安全操作示意图

(4) 天线基础的砼浇筑必须达到养护期和强度要求后方可进行天线安装，如图 1-7-2 所示。

图 1-7-2　天线基础的砼浇筑安装示意图

(5) 起吊天线和天线座安装就位时，应有专人负责指挥，如图 1-7-3 所示。

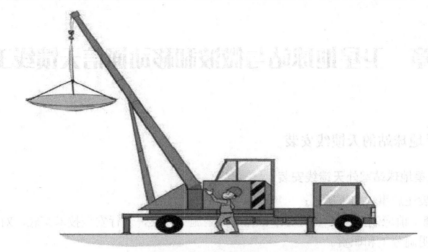

图 1-7-3　吊车起吊示意图

(6) 高处作业时，所用工具、材料应放置稳妥。天线塔上人员与地面人员之间严禁扔抛工具或材料。

(7) 安装天线时必须安装避雷针，应有可靠的防雷接地系统，如图 1-7-4 所示。

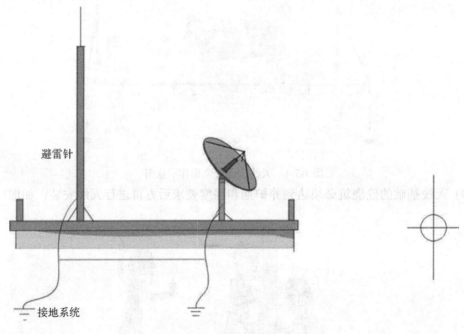

图 1-7-4　避雷针安装示意图

2. 天馈线接地与防雷

天馈线接地与防雷施工注意事项如下：

(1) 天线波导进入机房前应使用波导接地装置。接地系统必须可靠，接地电阻应符合设计规定，如图 1-7-5 所示。

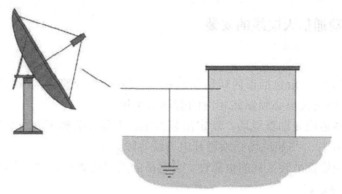

图 1-7-5　天线波导接地装置示意图

(2) 卫星设备射频线缆及中频线缆应安装避雷器。避雷器接地铜线必须与机房接地排接通牢靠，接地线的规格应符合设计要求，如图 1-7-6 所示。

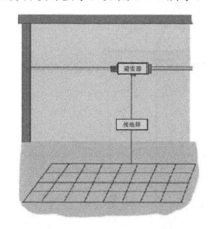

图 1-7-6　卫星设备射频线缆及中频线缆安装避雷器示意图

(3) 走线架、吊挂、通风管道等必须安装接地线，与机房接地排连接牢固，如图 1-7-7 所示。

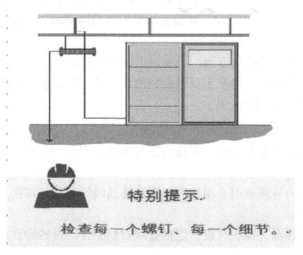

图 1-7-7　机房接地排连接示意图

二、微波和移动通信天馈线的安装

1. 天线安装

(1) 在天线吊装现场(包括市内楼房吊装)应设置安全作业警示区域,禁止车辆及无关人员穿行。施工现场人员必须佩戴相应的劳动保护用品。

(2) 吊装天线前应先勘查现场,制定吊装方案。天线安装施工人员必须明确分工和职责,由专人统一指挥。吊装现场必须避开电力线等障碍物。

(3) 吊装前应检查吊装工具的可靠性。当起吊的天线稍离地面时,应再次检查吊装物,确认可靠后再继续起吊。

(4) 起吊天线时,应使天线与铁塔(或楼房)保持安全距离,不可大幅度摆动。向建筑物的楼顶吊装时,起吊的钢丝绳不得摩擦楼体,如图 1-7-8 所示。

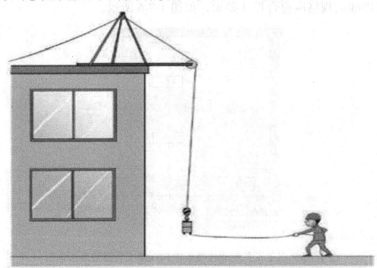

图 1-7-8　建筑物的楼顶吊装操作示意图

(5) 天线挂架强度、水平支撑杆的安装角度应符合设计要求。固定用的抱箍必须安装双螺母,加固螺栓必须由上往下穿。如需另加镀锌角钢固定时,不得在天线塔角钢上钻孔或电焊。

(6) 辐射器安装应注意极化方向,顶端固定拉绳调整的长度应一致,确保拉力均匀。

(7) 安装防辐射围圈前,应在主反射面锅沿边先粘防泄漏垫,再装防尘布,防尘布周围的固定弹簧拉钩调整长度应一致。

2. 馈线安装

(1) 吊装椭圆软波导前必须将一端接头安装平整、牢固,并用塑料布包扎严密再进行吊装。

(2) 吊装椭圆软波导应使用专用钢丝网套兜住馈线的一端并绑扎到主绳上,不得使软波导扭折或碰撞塔体。

(3) 馈线与天线馈源、馈线与设备连接处应自然吻合,自然伸直,不得受外力的扭曲影响,如图 1-7-9 所示。

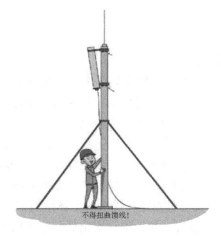

图 1-7-9　馈线与天线馈源、馈线与设备连接示意图

（4）馈线弯曲时应圆滑，其曲率半径应符合设计要求。馈线进入机房内时应略高于室外或做滴水弯，雨水不得沿馈线流进机房。馈线进洞口处必须密封和做好防水处理，如图1-7-10 所示。

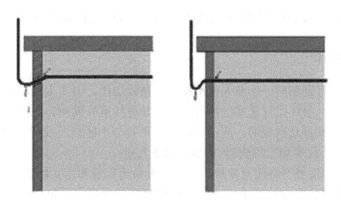

图 1-7-10　馈线进入机房内时弯曲示意图

（5）馈线进入机房前，必须至少有三处以上的防雷接地点；馈线进入机房后必须安装避雷器，如图 1-7-11 所示。

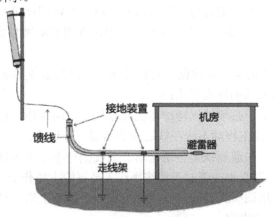

图 1-7-11　馈线进入机房接防雷示意图

三、上塔作业

这项工作应做到以下事项：

(1) 从事微波、移动通信基站天馈线安装等工程项目的高处作业人员，必须经过专业培训合格并取得《特种作业操作证》方可作业。凡是从事高处作业的人员应定期进行健康检查，如发现身体不适合高处作业时，不得从事这一工作。

(2) 高处作业的每道工序必须指定施工负责人，并在施工前必须由本工序负责人向施工人员进行技术和安全交底，明确分工。严禁任何违章作业的现象发生。

(3) 高处作业人员上塔前必须检查安全帽和安全带各个部位有无伤痕，如发现问题严禁使用。塔上作业时，必须将安全带固定在铁塔的主体结构上，不得固定在天线支撑杆上，严防滑脱。扣好安全带后，应进行试拉，确认安全后，方可施工。如身体靠近塔身，安全带松弛，应随时检查挂钩是否正常，确认正常后再工作。

(4) 塔上作业，所用材料、工具应放在工具袋内。所用工具应系有绳环，使用时套在手上，不用时放在工具袋内。塔上的工具、铁件严禁从塔上扔下，大小件工具都应用工具袋吊送。

(5) 安装微波、移动通信天线应在铁塔避雷针的 45° 保护范围内。

四、网络规划优化

到高层楼顶进行勘测时，作业人员不得靠近楼顶边沿。需要上塔时必须由登高专业人员上塔操作。在天气条件比较恶劣的情况下，严禁进行室外勘测，不得在夜晚及能见度差的情况下作业。遇到群众围观时，应劝其离开。不得与小区居民或村民发生冲突。

(1) 网优设备、仪表和工程资料　应做到以下几点：

① 网优设备和仪表不得随意摆放，应有专人负责保管和落实防盗措施。

② 个人测试电脑应安装查杀病毒软件并及时更新病毒库，定期查杀病毒。上网的电脑须安装防火墙，防止受到恶意网络攻击。

③ 个人电脑不得连接到移动通信的维护网络上去，应防止电脑上的病毒攻击移动通信网络。

④ 在测试期间，必须定期备份重要数据和资料。网优测试项目成员之间应做到数据交叉备份。如只有一个作业成员负责的项目，数据需要用移动硬盘备份，对备份数据另外放置。

⑤ 工程完工后形成的文档和数据、资料必须在专门的服务器备份。

(2) 天馈线测试和调整的注意事项：

① 天馈线操作人员，必须持《特种作业操作证》上岗操作。在天馈线操作人员测试或者调整天馈线时，网优工程师不应在铁塔或增高架下方逗留。

② 调整天馈线时，如遇到铁架生锈松动、天线抱杆不牢固等现象的站点，应报相关单位处理后再调整，不得要求或强制天馈线操作人员冒险上塔作业。

③ 作业人员在上塔调整天馈线前，网优工程师必须向上塔人员技术交底，确认所调整的平台、天线和调整的内容。

④ 天馈线调整完毕，必须做好调整纪录，并验证调整效果。

(3) 网络调整时，对通信网络进行操作的工程师，必须持有设备生产厂家或运营商的有效上岗证件。网优工程师不得调整本次工程或本专业范围以外的网元参数。

① 网络优化前，应检查在维护过程中由于操作失误而造成的重大数据隐患。

② 检查历次数据修改记录及修改效果记录，对以前的数据应有充分的了解。

③ 检查基站控制器(BSC)、基站收发信系统(BTS)版本，了解版本应该注意的安全事项。

(4) 数据修改前，必须制定详细的基站数据修改方案和数据修改失败后返回的应急预案，报建设单位审核、批准。

(5) 数据修改后的安全检查包括以下内容：

① 修改完成后必须通过基站维护台检测各基站载频、信道的工作状态是否正常。同时，还应尽可能采用拨打测试检查，保证数据修改后的通信业务正常。

② 5 个基站以上的大范围数据修改后，应及时组织路测，确保网络运行正常。

③ 仔细观察话务统计，检查修改后是否有异常情况发生，特别是拥塞率、掉话率等技术指标。当发现异常情况时应及时处理，恢复设备正常运行。

④ 在检查中发现存在涉及网络安全的重大问题，应在规定时间内上报相关单位。

 思考题

1. 卫星地球站室外天馈线安装前及安装中应有哪些安全要求？

2. 吊装天线前除勘查现场，制定吊装方案外，还应有哪些安全措施？

3. 对高处作业人员应有哪些要求？

4. 哪些气候环境条件下严禁上塔施工作业？

5. 在塔上焊接时，对操作人员及周围环境有什么要求？

6. 基站勘测时，工作人员怎样做好自我保护？

7. 在对天馈线测试和调整时，对于作业人员有何规定和要求？

第八章　通信电源设备工程

一、布线和汇流排安装

1. 电源线的布放

电源线布线注意事项：

(1) 在地槽内布放电源线时，必须注意防潮。地槽内应无积水、渗水现象，并用防水胶垫垫底。

(2) 布放电源线时，无论是明敷或暗敷，必须是整条线料，中间严禁有接头，如图 1-8-1 所示。

图 1-8-1　布放电源线操作示意图

(3) 截面在 10 mm^2 以上的电源线终端必须加装线鼻子，尺寸应与导线线径相吻合，线鼻子与电源线的端头必须镀锡。如加装封闭式线鼻子应用专用压接工具压接牢固。如为开口式线鼻子必须用烙铁焊接牢固。线鼻子与设备连接处，在通电后，温度不得超过 65℃，如图 1-8-2 所示。

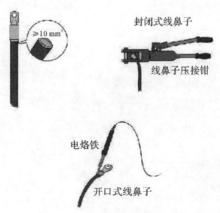

图 1-8-2　截面 10 mm^2 以上的电源线终端加装线鼻子示意图

(4) 电源线穿越墙洞或楼层时，应预留"S"弯。洞口两端应按要求用阻燃材料的盖板堵封洞口。施工尚未结束时，应临时以阻燃材料堵封洞口。

(5) 交流线、直流线、信号线应分开布放，不得绑扎在一起，如走在同一路由时，间距必须符合工程验收规范要求。非同一级电力电缆不得穿放在同一管孔内，如图 1-8-3 所示。

图 1-8-3　交流线、直流线、信号线布放示意图

2. 汇流排(母线)加工和安装

这项安装注意事项如下所列：

(1) 汇流排(母线)接头处钻孔的孔径、螺栓、垫片应符合要求。汇流排(母线)接头处必须镀锡，如图 1-8-4 所示。

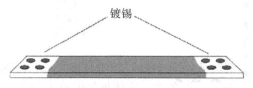

图 1-8-4　汇流排(母线)接头操作示意图

(2) 汇流排(母线)制作完毕，应喷(刷)绝缘漆。正极喷红色，负极喷蓝色。在汇流排(母线)接头处，不得喷(刷)绝缘漆，如图 1-8-5 所示。

图 1-8-5　汇流排(母线)接头处错误操作示意图

(3) 多片汇流排(母线)在同一路由安装时，接头点应错开，不得安装在同一处，互相之

间必须错开 50 mm 以上，如图 1-8-6 所示。

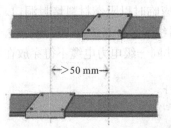

图 1-8-6 多片汇流排(母线)在同一路由安装示意图

(4) 汇流排(母线)在过墙体或楼层孔洞时，不应有接头。在过墙体或楼层孔洞时，应采用"软母线"连接。"软母线"的两端接头应伸出墙体或楼板洞孔外，并在墙体外的两侧用支撑绝缘子固定，如图 1-8-7 所示。

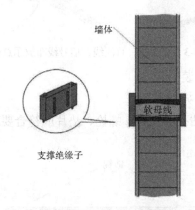

图 1-8-7 汇流排(母线)在过墙体或楼层孔洞示意图

(5) 母线接头连接处及母线与设备端子连接处的温度不得大于 70℃。

二、发电机组的安装

1. 油机室、油库的环境安全要求

安全要求如下所列：

(1) 油机室、油库应设置在与通信设备相对独立的位置，防火间距应符合设计或相关规范的要求，如图 1-8-8 所示。

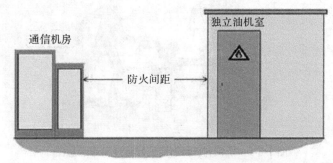

图 1-8-8 通信机房设置示意图

(2) 油机室和油库内必须有完善的消防设施。严禁在室内采用明火或电炉取暖；严禁任何烟火引入室内，如图 1-8-9 所示。

图 1-8-9　油机室和油库作业示意图

2. 发电机组的安装要求

安装要求如下所列：

(1) 发电机组的基础砼浇筑养护期和强度必须达到要求后方可进行安装，参见图 1-8-10。

图 1-8-10　发电机组的基础砼浇筑养护期不够示意图

(2) 机组搬运前，指挥人员必须对操作人员进行安全交底，明确所有参与人员的分工和职责。同时，应对所有搬运工具如铁链、滑轮、吊葫芦、吊架、钢丝绳、滚筒等进行全面检查，必须完好，各搬运工具的安全系数应符合要求。

(3) 机组在施工现场采用"滚筒法"作短距离移动时，可用若干(3 根以上)根钢管垫在机组底座下方，用绳拉动或人力在机组后方推动前进，在机组底部的前后不断倒换钢管。操作人员在机组前后倒换钢管时，应保持各钢管平行一致。指挥人员应在倒换的钢管就位，倒换人员手臂离开钢管壁后，方可指挥人员推动机组前进，如图 1-8-11 所示。

图 1-8-11　现场移动发动机组示意图

3. 油机管路安装

油机管路安装注意事项：

(1) 安装的油机管件应无破损、裂缝。

(2) 需在地下室的储油罐引出管路时，应用抽风机更换地下室及储油罐的空气后方可进入工作。如油罐已使用过，须经有关部门检测许可后，方可进入油罐内作业，如图 1-8-12 所示。

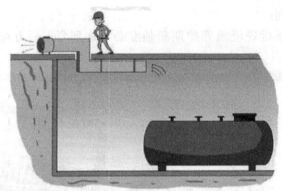

图 1-8-12　地下室的储油罐安装示意图

(3) 油机的排烟管路安装时，管路离地面的高度不应低于 2.5 m，吊装固定牢靠，排烟管在屋内侧应高于伸出墙外侧。排烟管口水平伸出室外时应加装防护网，如垂直伸出室外，则应加装防雨帽，如图 1-8-13 所示。

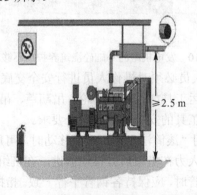

≥2.5 m

图 1-8-13　油机的排烟管路安装示意图

(4) 油泵与输油管连接处必须采用软管连接，严禁用金属管直接与油泵连接。

4．发电机组的试机

试机注意事项：

(1) 试机前，应清理机组周围障碍物。机组上下左右不应有遗留的安装工具、金属、材料等物品。

(2) 机组试机时，必须按技术说明书要求进行。操作人员应注意观察机组运转情况。发现运转声响、转速、水温、水压、油温、油压、排气等异常时，应立即停机检查，如图 1-8-14 所示。

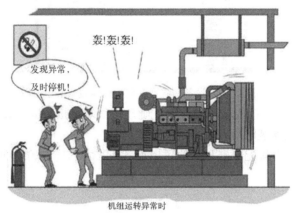

图 1-8-14 机组试机运行示意图

(3) 当室温接近或低于 0℃时，试机后应将管路的冷却水放尽，并应加挂"已放水"的警示标志，如图 1-8-15 所示。

图 1-8-15 机组试机运行中操作示意图

三、交/直流供电系统

1．交/直流供电设备安装

交/直流供电设备安装注意事项：

(1) 电力室交/直流供电设备和走线架等铁件安装的安全事项参照通信设备安装的相关章节。

(2) 设备的防雷和保护接地线应安装牢固，接地电阻值应符合要求，如图 1-8-16 所示。

图 1-8-16　设备的防雷和保护接地线安装示意图

(3) 设备的三相电源接线端子应连接正确，接线端连接牢固。设备安装完毕后，应进行清洁，彻底清除在安装时落入机内的碎金属丝片。

(4) 供电前，交/直流配电屏和其他供电设备正、背面前方的地面应铺放绝缘橡胶垫，如图 1-8-17 所示。

图 1-8-17　供电前供电设备操作示意图

(5) 在交流配电室，如需向设备供电时，应首先检查有无人员在工作，确认安全后，方可供电，并挂上警示标志。

2. 交/直流供电设备加电测试

交/直流供电设备加电测试注意事项：

(1) 设备加电时，操作人员必须穿绝缘鞋，戴绝缘手套，并应有二人互相配合，采取逐级加电的方法进行。如发现异常，应立即停止加电，检查原因。检查时，应切断电源开关，如图 1-8-18 所示。

图 1-8-18 设备加电时，操作人员操作示意图

(2) 设备测试时，应注意仪表的挡位。不得用电流档位测量电压。测量整流设备输出杂音时，必须在杂音计输入端串接一个隔直流电流的 2 μF 电容，同时杂音计必须接地良好，如图 1-8-19 所示。

图 1-8-19 设备测试操作示意图

四、蓄电池和太阳能电池

在单独设置的电池室内，交流电源线必须暗敷。室内不得安装电源开关、插座以及可能引起电火花的设备装置。室内应单独设置通风设备。照明系统必须采用密封的灯具，如图 1-8-20 所示。

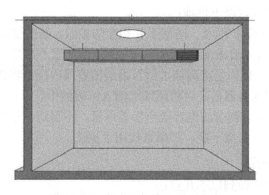

图 1-8-20 蓄电池机房设置示意图

1. 蓄电池的安装

蓄电池安装注意事项：

(1) 人工搬运单体蓄电池应有二人以上互相配合，轻搬轻放，防止砸伤手脚和损坏电池，如图 1-8-21 所示。

图 1-8-21　人工搬运单体蓄电池示意图

(2) 安装蓄电池体时不得倒置。蓄电池组的各单体电池极性必须依次排列串联，严禁接反。所安装的蓄电池距离暖气片不得小于 1 m，如图 1-8-22 所示。

图 1-8-22　蓄电池组安装示意图

2. 隔爆式铅酸蓄电池电解液的配制和灌注

进行此项工作时应注意以下事项：

(1) 操作人员必须戴防护面具、防酸手套和穿防护服、防护鞋。

(2) 必须按照电池技术要求配制电解液，电解液的比重不得超过规定值。

(3) 配制电解液时，必须先将蒸馏水倒入耐酸的容器内，再将浓硫酸徐徐倒入蒸馏水中。严禁先将浓硫酸倒入容器内，再将蒸馏水倒入浓硫酸中。

(4) 向蓄电池体灌注后剩余的电解液应妥善保管，不得随意摆放。遗漏在电池体外表的少量电解液必须用防酸布擦干净，严禁直接用手擦洗。

3. 太阳能电池的安装

安装太阳能电池时应做到以下几点：

(1) 开箱检查时，应用专用工具，不得用铁锤猛力敲打，避免损坏箱内太阳能电池配件及太阳能电池玻璃罩面，如图 1-8-23 所示。

图 1-8-23　错误开箱示意图

(2) 太阳能电池支撑架必须与基础固定牢靠，能足够抵抗当地最大风力的影响，如图 1-8-24 所示。

图 1-8-24　太阳能电池支撑架被大风吹断示意图

(3) 太阳能电池方阵在屋面上安装时，现场周围应有永久性的围栏设施。

(4) 太阳能电池支撑架必须安装防雷接地线。太阳能电池应置在避雷带(网)的保护范围内。

4. 太阳能电池的输出线

太阳能电池输出线必须采取有屏蔽层的电力电缆布放，在进入室内前，屏蔽层必须接地，芯线应安装相应等级的避雷器件。

五、接地装置和防雷

1. 接地装置的安装

安装接地装置时应该做到以下几点：

(1) 埋设垂直接地体时，可在接地体定位点上采用机械夯埋。人工用铁锤夯埋时，扶接地体者严禁站在持锤者的正面，如图 1-8-25 所示。采用钢管作垂直接地体时，应避免夯管时管口断裂，可在钢管的上端加装保护圈帽。

图 1-8-25　埋设垂直接地体施工人员错误操作示意图

(2) 垂直接地体及其连接材料应采用热镀锌钢材，不得采用铝质材料。垂直接地体与扁钢连接时必须采取焊接并对焊接点进行防腐处理，严禁采用钻孔拧螺栓的办法连接。

(3) 地下接地装置的引出(入)线不得布放在暖气地沟、污水沟内等处。如条件限制，布放裸露在地面时，应喷涂防锈漆和黄绿相间的色漆并采取防护措施，不得妨碍交通，如图1-8-26 所示。

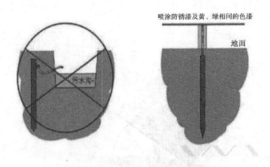

图 1-8-26　地下接地装置的引出(入)线不规范示意图

(4) 严禁在接地线、交流中性线中加装开关或熔断器。不得利用其他设备作为接地线电气连通其组成部分。

2. 出、入局(站)的电力电缆

这种电缆应选用具有屏蔽层的电力电缆并应埋入地下出、入局(站)，埋入地下的电缆长度应符合设计要求。其金属护套两端应就近接地，芯线必须安装同等级的避雷器件，如图 1-8-27 所示。

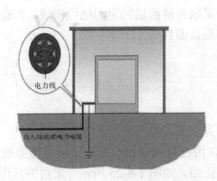

图 1-8-27　电力电缆埋入地下出、入局(站)敷设示意图

3．出、入局(站)的通信光(电)缆接地与防雷

为保证通信光(电)缆可靠接地与防雷，应注意下列事项：

(1) 出、入局(站)的通信光(电)缆应采取由地下出、入局(站)的方式，其埋入地下的长度应符合设计要求。所采用的光(电)缆，其金属护套应在进线室作保护接地，如图 1-8-28 所示。

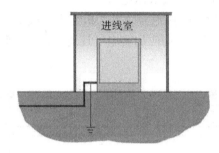

图 1-8-28　出、入局(站)的通信光(电)缆敷设示意图

(2) 由楼顶引入机房的光(电)缆应选用具有金属护套的光(电)缆，在按要求采取相应的避雷措施后方可进入机房，同时应接入相应等级的避雷器件。

4．局内设备的接地与防雷

对局内设备接地与防雷应做到：

(1) 通信设备直流电源的工作地应从接地汇集排上引入。所有通信设备机架应从接地汇集排引入保护地。

(2) 交、直流设备的机架应从接地汇集排上引入保护地线。交流配电屏中的中性线应与机架绝缘，严禁采用中性线做交流保护地线。

(3) 配线架应从接地汇集排引入保护地。同时配线架与机房通信机架间不应通过走线架(槽)形成电气连通。

(4) 机房内空调等金属设施应从接地汇集排上引接保护地线。

(5) 各类需接地的设备与接地汇集排之间连线应采用铜质绝缘导线，不得使用裸导线连通，如图 1-8-29 所示。

图 1-8-29　设备与接地汇集排之间连线示意图

(6) 每个电气设备必须以单独的接地线与接地汇集排相连，不得在一根接地线上串几个需要接地的电气设备。

5. 其他注意事项

(1) 严禁架空交、直流电源线直接出、入局(站)和机房。严禁在架空避雷线的支柱上悬挂电话线、广播线、电视接收天线及低压电力线。

(2) 通信中继站、基站设施的接地与防雷，机房内走线架、吊挂铁件、机架、金属通风管、馈线窗等不带电的金属构件均应加装电气连通线，并安装保护接地线，如图1-8-30所示。

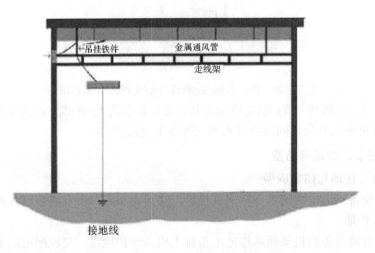

图 1-8-30　机房内走线架接地示意图

六、电源设备割接和更换

电源设备割接和更换时，应做到：

(1) 电源设备需更换时，应针对设备电源布线及安装加固等情况，制定详细的施工割接方案和安全防护措施。

(2) 对于在用设备需用新设备替换时，必须对新设备电气性能进行详细测试和检查。应在临时通电后，加上假负载，经试运行可靠后，方可进行就位替换，如图1-8-31所示。

图 1-8-31　对新设备电气性能进行测试示意图

(3) 替换的新设备在安装前应把新设备开关置"关"的位置,再就位安装。重新布放电源线或利用已有的电源线时,应注意电源的极性和直流电源线的颜色,设备电源的正负极性严禁接反,如图1-8-32所示。

(4) 在用设备更换(割接)直流电源线时,应做到:

① 应将新电源线布放到位,两端做好线鼻子,然后用绝缘布包好。

② 设备电源线有主、备用端子(双路供电)时,应先将新电源线正、负极分别割接到备用端子,并开通设备备用开关,用钳型电流表检测是否有电流(主、备电流基本均等)。用同样方法再割接主用电源线。

③ 设备单路供电又没有备用端子时,应复接临时电源线,用钳型电流表检测是否有电流,确认后,再割接设备旧电源线。检查确认新布电源线有电流时,可拆除临时电源线,如图1-8-33所示。

图 1-8-32 替换的新设备操作示意图   图 1-8-33 电源设备割接操作示意图

(5) 拆除旧设备应做到以下几点:

① 拆除旧设备和电源割接时,操作人员应使用绝缘工具或进行过绝缘处理的工具。

② 拆除旧设备时应首先切断设备的电源开关,再在配电柜上切断电源开关或熔断器,然后拆除设备电源线,并用绝缘胶带对电源线头进行包缠处理。

 思考题

1. 隔爆式铅酸蓄电池电解液的配制和灌注有哪些安全操作要求?

2. 正在使用的设备更换(割接)直流电源线时,应注意哪些事项?

3. 局内设备为什么要进行接地与防雷,其安全操作有哪些?

4. 在进行交、直流供电设备加电测试时,对操作人员有何要求?

5. 从安全角度出发,怎样进行发动机组的安装?

6. 写出发动机油管的安装的安全操作要求。

第九章　综合布线工程

一、槽道(桥架)安装和布线

1. 槽道(桥架)和穿线管安装

安装注意事项：

(1) 施工人员进入建筑工地，配合建筑单位预埋穿线管(槽)和预留孔洞时，必须在建筑工地安全和技术人员的带领下进入工地。应注意建筑物内的预留洞口、障碍物及其他危险源的位置。夜间或光照亮度不足时，不得进入工地，如图 1-9-1 所示。

图 1-9-1　施工人员进入建筑工地施工规范示意图

(2) 安装走线槽(桥架)时，如遇楼层较高，需吊装走线槽(桥架)的零部件时，必须把吊装工具安装牢固，吊装用绳索必须可靠，在部件稍离开地面之际，应检查、确认吊装的部件安全时再起吊，如图 1-9-2 所示。

图 1-9-2　安装走线槽(桥架)的零部件操作规范示意图

(3) 高处作业时，应使用升降梯或搭建工作平台，其支撑架四角必须包扎防滑的绝缘橡胶垫，如图 1-9-3 所示。

图 1-9-3 高处作业施工规范示意图

(4) 在安装走线槽(桥架)的工作现场，应清理地面的障碍物。对建筑物的预留孔洞、楼梯口，必须覆盖牢固或(设)围栏，如图 1-9-4 所示。

图 1-9-4 安装走线槽(桥架)的现场操作示意图

(5) 预埋穿线管、线槽如需使用冲击钻或电锤等电器工具时，必须首先要认真检查冲击钻或电锤是否漏电，保证其完好。在墙壁上钻孔时，不得损害建筑物承重的主钢筋。需要开凿墙洞(孔)时，不得损害建筑物的承重墙结构。

(6) 安装槽道或走线桥架时，应按设计要求在节与节之间增设电气连通线，保证槽道或走线桥架互相连通并就近接地，如图 1-9-5 所示。

电气连通线

图 1-9-5 安装槽道或走线桥架连线示意图

(7) 在室内天花板上作业，必须用工作灯，并注意天花板是否牢固可靠，如图 1-9-6 所示。

图 1-9-6　天花板施工操作示意图

(8) 槽道或走线桥架穿越楼层或墙体后，应用阻燃材料堵塞孔洞，严禁楼层之间、房间之间相通。

2．地下信息插座的安装

安装在地面下的信息插座，其盖板应与地面平齐且防水、防尘，不得影响人们的正常活动。所有信息插座安装时外壳必须接地，并应有明显的标志。

3．布放缆线

缆线布线安全要求：

(1) 缆线应布放在弱信号电缆竖井中，不得布放在电梯或供水、供气、供暖管道的竖井中，严禁与强电电缆布放在同一竖井里。如条件限制，主干缆线需明敷时，距地面高度不得低于 2.5 m，如图 1-9-7 所示。

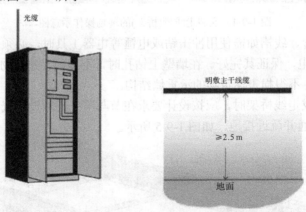

图 1-9-7　光缆敷设规范示意图

(2) 所有缆线外护套应完整无损，绝缘性能符合要求，两端必须制作永久性的标志。

4．缆线端头制作

缆线端头制作要求：

(1) 剥除缆线端头制作成端时，应采取专用工具。缆线成端连接时，应按缆线色谱顺序进行焊(压、卡)接。焊(压、卡)接完毕后，必须清除多余的线头，保证焊(压、卡)接牢固，严禁虚、漏焊(压、卡)，如图1-9-8所示。

图1-9-8　剥除缆线端头专用工具

(2) 缆线的屏蔽层在两端头处应接地。

二、微波中继站和移动通信基站的消防及防盗系统布线

这部分布线有以下要求：

(1) 消防信号系统缆线必须为阻燃线缆。

(2) 消防、防盗传输线路应采取独立的金属管穿放保护，不得明敷或不加保护的布线方式。金属管应作等电位连接，并与接地线相连接。

(3) 穿放消防、防盗线路的金属管应暗敷在建筑结构内，其混凝土保护厚度不应小于3 cm。如果条件限制，金属管必须明敷时，应选择在隐蔽安全、不易接近的地方，在其周围采取阻燃措施，不得安装在潮湿的场所。穿放消防、防盗线后的金属布线管口应密封。

(4) 消防、防盗传输线路应尽量减少与其他管路交越的次数。

(5) 建筑物内不同系统、不同电压等级和不同防火分区的线路不得在同一管孔内或线槽内布放。

(6) 自动灭火报警装置、疏散标志、应急照明、摄像、防盗(门禁)报警装置等设施必须安装在设计规定的位置，安装牢固、可靠，显示正常。所有引出线必须穿金属管保护。

 思考题

1. 在进行槽道(桥架)和穿线管安装时，有哪些具体的操作要求？怎样避免安全风险？
2. 布放缆线的具体安全要求有哪些？
3. 对于微波中继站和移动通信基站的消防、防盗系统的布线有何安全规定或要求？

第十章　国际通信工程

一、施工安全一般要求

施工安全要求如下:

(1) 承担国外通信工程的施工单位应与我国驻工程项目属地国的大使馆、领事馆取得联系,经常或定期向其相关部门汇报工作,自觉接受指导。

(2) 施工单位应认真对所承担的国外通信工程项目进行评审和评价,了解工程项目属地国与我国的政治关系,了解当地治安、交通、卫生、自然灾害、风俗民情等情况,咨询国家相关部门对工程项目属地国综合评定的安全等级,熟悉当地有关法律、法规及施工方面的规定、规范、标准、要求等,编制安全控制措施和突发事件应急预案。必要时聘用当地人员配合工程项目施工。

(3) 施工现场聘用当地员工时,必须符合当地用工法律规定,办理合法的用工手续。应对聘用员工进行专业技术操作规范培训,通过考核合格,方可进入施工现场和劳动岗位。辞退时,应妥善处理,不得激化矛盾。

(4) 施工现场应进行围拦和警戒,加强对作业人员和施工机具、仪表的保护。遇到当地群众围观,应耐心劝解离开。

(5) 在施工中遇到阻挠时,应请当地相关政府机构出面协调解决,不得用强制手段施工,避免与当地群众发生冲突。

二、疾病防治

国外施工时,应注意疾病防治工作。

(1) 工程项目如在热带地区,应在施工现场和驻地采取有效措施预防毒蛇、蝎子、蚊子等有毒动物的侵害。

(2) 国外工程项目经理部、驻外机构应收集并掌握工程属地国家(或地区)的地理、气候状况及当地常见疾病,特别是传染病的种类、传播途径、预防措施等信息,并制定具体防范措施。

(3) 指定专人定期访问卫生部门的官方网站,了解属地国家的相关政策和防病治病的指导性文件。

(4) 施工人员应根据我国政府的规定,在出国前进行体检和进行有效的预防接种。

(5) 在国外施工时,对反复感染疟疾的人员应安排停工休养或回国休假。从疟疾高发区回国的人员,应注意身体状况的变化,一旦发现有患病迹象,应立即就医,到有热带病专科门诊的医院治疗或咨询。

(6) 野外施工时应预防中暑和避免长时间暴晒。出工前要备好防晒用具,戴遮阳帽和太阳镜,有条件的最好涂抹防晒霜,且随身携带防暑降温药品,以备应急之需。

(7) 外出施工时,宜自备食品,尽可能不在外就餐。如需就餐时,必须实行分餐制。不得饮用未经化验、消毒的生水。

(8) 施工中应避免受外伤。如果遭受外伤应及时处理,较严重的外伤必须到正规医院去治疗,并尽量避免接触血液和血液制品。

(9) 在卫生条件较差的施工地区,不宜在外面的理发店理发、刮胡须。

(10) 工程项目部必须配备专职医生,挑选有丰富经验的医生随队施工。必要时在施工队伍中培训适当比例的具备急救常识及技能的人员,并根据需要配备充足的常用药品和适量的急救药品及医疗器械,保障医疗所需。

(11) 疾病患者应及时治疗,必要时回国治疗。

三、交通安全防范

在交通运输方面应注意以下事项:

(1) 国外工程项目经理部、驻外机构应收集并掌握工程属地国家(或地区)有关机动车辆管理和驾驶员管理的交通法律、法规,并应保存中文译本。应针对当地交通安全状况、特点,制定本单位的交通安全具体防范措施。

(2) 施工中穿越公路时应注意查看过往的车辆,确认安全后才能穿越。在公路的一侧施工时,应按当地道路交通安全管理规定要求,设置交通警示标志,选派当地员工负责安全警戒。

(3) 车辆驾驶的安全包括下列内容:

① 中方员工在一般情况下不驾驶机动车。招聘当地司机必须严格筛选,应聘用有驾驶证件、驾驶技术好、遵纪守法的人员。

② 制定外聘驾驶员管理办法,对车辆和驾驶员严格管理。

③ 由当地司机驾驶施工车辆时,中方员工应随车。出车前应选择最佳(路况、治安较好)的行车路线。在行车时应保持警惕,及时提醒司机行车安全,严禁司机疲劳驾驶。施工车辆到达目的地后应给司机提供充足的休息时间和休息场所。

④ 乘车人员应遵守当地交通安全乘车规定,系好安全带。

⑤ 在公路行驶中,通过检查站或收费站时,应减速慢行。遇警察局、移民局和其他政府部门要求停车时,应要求司机积极配合,主动出面交涉,不得冲岗。

⑥ 行车途中应锁好所有的车门。停车或行车时应防止被抢、被盗。

⑦ 在公路上长途行驶及在非安全区内或是晚间行驶,必须配备保安、警察随车。

(4) 施工中的交通安全包括以下两点:

① 在公路上因施工及其他原因停车时,应摆放安全警示标志。在施工过程中应安排专职安全员指挥疏导交通,必要时请当地警方协助。

② 在路边施工的人员应面对车辆驶来的方向施工,以便及时发现路面上的情况,并采取应急措施。

四、施工现场和驻地治安

施工现场和驻地治安方面应做到以下几点。

(1) 应熟悉和掌握当地警察机关的联系方式及火警、匪警等紧急电话号码。

(2) 应结合当地情况，制定工作场所和驻地的治安防范措施，做到：

① 尊重当地人民的风俗和宗教信仰，不得参加、议论和围观当地人的宗教或政治集会活动。

② 遇到突发事件(抢劫、反政府游行、种族冲突等)，应保持镇静，组织员工迅速撤离现场，严禁上前围观。

③ 施工现场应设置安全警示标志，严禁无关人员进入。必要时聘用专职警察，维护现场秩序。

④ 施工现场的设备、主要材料、施工机械和仪器仪表必须由专人看守，避免物资被哄抢和盗取。

⑤ 发生抢劫事件时，应立即报警，不要与劫匪发生正面冲突，在保证施工人员生命安全的前提下尽量减少损失。同时，应将发生的事件向属地的中国大使馆或领事馆报告。

⑥ 所有员工都应随身携带护照复印件、工作证牌或其他能证明身份的证件以及相关人员的联系方式。

(3) 驻地确定后，应同当地警察局取得联系，记录当地报警电话，根据需要聘用当地警察、保安和制定针对驻地的治安防范措施。施工人员应集中居住、集中管理和统一行动，不得以工作方便为由分散居住。

 思考题

1. 对于在国外施工时应做好哪些疾病防治?具体措施有哪些?

2. 应结合当地情况，制定工作场所和驻地的治安防范措施，有哪些具体的防范措施?

第二部分

通信工程施工安全事故与案例分析篇

第一章　安全生产事故

一、安全生产事故概念

生产安全事故，是指生产经营单位在生产经营活动中发生的造成人身伤亡或者直接经济损失的事故。

处理生产安全事故有四项原则：

(1) 严格依法认定、适度从严的原则；

(2) 从实际出发，适应我国当前安全管理的体制机制，事故认定范围不宜作大的调整；

(3) 有利于保护事故伤亡人员及其亲属的合法权益，维护社会稳定；

(4) 有利于加强安全生产监管职责的落实，消灭监管"盲点"，促进安全生产形势的稳定好转。

二、生产安全事故调查的原则及程序

1. 生产安全事故调查处理的原则

生产安全事故调查处理原则如下：

(1) 实事求是、尊重科学的原则。对事故的调查处理就是执法办案。它不仅要揭示事故发生的内在原因，找出事故发生的机理，研究事故发生的规律，制定预防重复发生事故的措施，做出事故性质和事故责任的认定，依法对有关责任人进行处理，而且据此为政府加强安全生产，防范重、特大事故，实施宏观调控政策和对策提供科学的依据，这一切都源于事故调查的结论。差之毫厘，谬之千里。事故的结论正确与否，对后续工作的影响非常重大。因此，事故调查处理必须以事实为依据，以法律为准绳，严肃认真地对待，不得有丝毫的疏漏。

(2) "四不放过"的原则。即事故原因没有查清楚不放过，事故责任者没有受到处理不放过，群众没有受到教育不放过，防范措施没有落实不放过。这四条原则互相联系，相辅相成，成为一个预防事故再次发生的防范系统。

(3) 公正、公开的原则。公正，就是实事求是，以事实为依据，以法律为准绳，既不准包庇事故责任人，也不得借机对事故责任人打击报复，更不得冤枉无辜。公开，就是对事故调查处理的结果要在一定范围内公开。它的作用主要有三点：一是能引起全社会对安全生产工作的重视；二是能使较大范围的干部群众吸取事故的教训；三是挽回事故的影响。

(4) 分级管辖的原则。事故的调查处理是依照事故的分类级别来进行的。根据目前我国有关法律、法规的规定，事故调查和处理分别依据《特别重大事故调查程序暂行规定》(国务院 34 号令)和《企业职工伤亡事故报告和处理规定》(国务院 75 号令)进行。

2. 生产安全事故调查程序

1) 现场处理

(1) 事故发生后，应救护受伤害者，采取措施制止事故蔓延扩大。

(2) 认真保护事故现场，凡与事故有关的物体、痕迹、状态，不得破坏。

(3) 为抢救受伤害者需要移动现场某些物体时，必须做好现场标志。

2) 物证搜集

(1) 现场物证包括：破损部件、碎片、残留物、致害物的位置等。

(2) 在现场搜集到的所有物件均应贴上标签，注明地点、时间、管理者。

(3) 所有物件应保持原样，不准冲洗擦拭。

(4) 对健康有危害的物品，应采取不损坏原始证据的安全防护措施。

(5) 为保证事故调查的快速有效，事故调查组应在第一时间介入调查取证，如事故地点较远，可安排当地安全监管部门先行取证。

(6) 询问取证要及时，避免因时间推移，证人对事故现场有关记忆模糊，防止证人思想情绪发生变化或受到暗示，人为地附和他人而改变自己原有记忆，以及其他人为因素造成掩盖事故发生真相，歪曲事实，影响事故调查和正确结案工作。

(7) 询问相关人员时，牵扯到技术问题时，技术组应参加。

(8) 询问要严格履行程序，发询问通知书，二人询问，填写询问笔录要认真规范，避免多次询问，应询问是否党员，同一事实最好两人以上笔录印证。

3) 事故材料的搜集

(1) 与事故鉴别、记录有关的材料：

① 发生事故的单位、地点、时间；

② 受害人和肇事者的姓名、性别、年龄、文化程度、职业、技术等级、工龄、本工种工龄、支付工资的形式；

③ 受害人和肇事者的技术状况、接受安全教育情况；

④ 出事当天，受害人和肇事者开始工作时间、工作内容、工作量、作业程序、操作时的动作(或位置)；

⑤ 受害人和肇事者过去的事故记录。

(2) 事故发生的有关事实：

① 事故发生前设备、设施等的性能和质量状况；

② 使用的材料，必要时进行物理性能或化学性能实验与分析；

③ 有关设计和工艺方面的技术文件、工作指令和规章制度方面的资料及执行情况；

④ 关于工作环境方面的状况：包括照明、湿度、温度、通风、声响、色彩度、道路工作面状况以及工作环境中的有毒、有害物质取样分析记录；

⑤ 个人防护措施状况：应注意它的有效性、质量、使用范围；

⑥ 出事前受害人和肇事者的健康状况；

⑦ 其他可能与事故致因有关的细节或因素。

4) 证人材料搜集

要尽快向被调查者搜集材料。对证人的口述材料，应认真考证其真实程度。

5) 现场摄影

(1) 显示残骸和受害者原始存息地的所有照片。

(2) 可能被清除或被踩踏的痕迹：如刹车痕迹、地面和建筑物的伤痕，火灾引起损害的照片、冒顶下落物的空间等。

(3) 事故现场全貌。

(4) 利用摄影或录像，以提供较完善的信息内容。

6) 制作相关事故图示

应包括了解事故情况所必需的信息。如：事故现场示意图、流程图、受害者位置图等。

7) 计算直接经济损失

(1) 人身伤亡后所支出的费用：医疗费用(含护理费用)、丧葬及抚恤费用、补助及救济费用、歇工工资；

(2) 善后处理费用：处理事故的事务性费用、现场抢救费用、清理现场费用、事故罚款和赔偿费用；

(3) 财产损失价值：固定资产损失价值、流动资产损失价值。

3. 生产安全事故处理的流程

(1) 事故发生后，事故现场有关人员应当立即向本单位负责人报告；单位负责人接到报告后，应当于1小时内向事故发生地县级以上人民政府安全生产监督管理部门和负有安全生产监督管理职责的有关部门报告。

(2) 事故发生单位负责人接到事故报告后，应当立即启动事故相应应急预案，或者采取有效措施，组织抢救，防止事故扩大，减少人员伤亡和财产损失。

(3) 事故发生后，有关单位和人员应当妥善保护事故现场以及相关证据，任何单位和个人不得破坏事故现场、毁灭相关证据。

(4) 事故发生地公安机关根据事故的情况，对涉嫌犯罪的，应当依法立案侦查，采取强制措施和侦查措施。犯罪嫌疑人逃匿的，公安机关应当迅速追捕归案。

(5) 安全生产监督管理部门和负有安全生产监督管理职责的有关部门应当建立值班制度，并向社会公布值班电话，受理事故报告和举报。

(6) 事故调查组应当自事故发生之日起60日内提交事故调查报告；特殊情况下，经负责事故调查的人民政府批准，提交事故调查报告的期限可以适当延长，但延长的期限最长不超过60日。事故调查报告报送负责事故调查的人民政府后，事故调查工作即告结束。事故调查的有关资料应当归档保存。

4. 生产安全事故的认定

1) 介绍

(1) 无证照或者证照不全的生产经营单位擅自从事生产经营活动，发生造成人身伤亡或者直接经济损失的事故，属于生产安全事故。

(2) 个人私自从事生产经营活动(包括小作坊、小窝点、小坑口等)，发生造成人身伤亡或者直接经济损失的事故，属于生产安全事故。

(3) 个人非法进入已经关闭、废弃的矿井进行采挖或者盗窃设备、设施过程中，发生的造成人身伤亡或者直接经济损失的事故,应按生产安全事故进行报告。其中由公安机关作为刑事或者治安管理案件处理的,侦查结案后须有同级公安机关出具相关证明,可从生产安全事故中剔除。

2) **房屋建筑**

(1) 由建筑施工单位(包括无资质的施工队)承包的农村新建、改建以及修缮房屋过程中发生的造成人身伤亡或者直接经济损失的事故,属于生产安全事故。

(2) 虽无建筑施工单位(包括无资质的施工队)承包,但是农民以支付劳动报酬(货币或者实物)或者相互之间以互助的形式请人进行新建、改建以及修缮房屋过程中发生的造成人身伤亡或者直接经济损失的事故,属于生产安全事故。

3) **自然灾害**

(1) 由不能预见或者不能抗拒的自然灾害(包括洪水、泥石流、雷击、地震、雪崩、台风、海啸和龙卷风等)直接造成的事故,属于自然灾害。

(2) 在能够预见或者能够防范可能发生的自然灾害的情况下,因生产经营单位防范措施不落实、应急救援预案或者防范救援措施不力,由自然灾害引发造成人身伤亡或者直接经济损失的事故,属于生产安全事故。

4) **侦查事故**

事故发生后,公安机关依照刑法和刑事诉讼法的规定,对事故发生单位及其相关人员立案侦查的,其中:在结案后认定事故性质属于刑事案件或者治安管理案件的,应由公安机关出具证明,按照公共安全事件处理;在结案后认定不属于刑事案件或者治安管理案件的,包括因事故,相关单位、人员涉嫌构成犯罪或者治安管理违法行为,给予立案侦查或者给予治安管理处罚的,均属于生产安全事故。

5) **关于购买、储藏炸药、雷管等爆炸物品造成事故的认定**

(1) 矿山存放在地面用于生产所购买的炸药、雷管等爆炸物品,因违反民用爆炸物品安全管理规定造成的人身伤亡或者直接经济损失的事故,属于生产安全事故。

(2) 矿山存放在井下等生产场所的炸药、雷管等爆炸物品造成的人身伤亡或者直接经济损失的事故,属于生产安全事故。

6) **载客事故**

(1) 农用船舶非法载客过程中发生的造成人身伤亡或者直接经济损失的事故,属于生产安全事故。

(2) 农用车辆非法载客过程中发生的造成人身伤亡或者直接经济损失的事故,属于生产安全事故。

7) **关于救援人员在事故救援中造成人身伤亡事故的认定**

专业救护队救援人员、生产经营单位所属非专业救援人员或者其他公民参加事故抢险救灾造成人身伤亡的事故,属于生产安全事故。

5. **生产安全事故认定程序**

地方政府和部门对事故定性存在疑义的,参照《生产安全事故报告和调查处理条例》有关规定,按照下列程序认定:

(1) 一般事故：造成 3 人以下死亡，或者 10 人以下重伤，或者 1000 万元以下直接经济损失的事故，由县级人民政府初步认定，报设区的市人民政府确认。

(2) 较大事故：造成 3 人以上 10 人以下死亡，或者 10 人以上 50 人以下重伤，或者 1000 万元以上 5000 万元以下直接经济损失的事故，由设区的市级人民政府初步认定，报省级人民政府确认。

(3) 重大事故：造成 10 人以上 30 人以下死亡，或者 50 人以上 100 人以下重伤，或者 5000 万元以上 1 亿元以下直接经济损失的事故，由省级人民政府初步认定，报国家安全监管总局确认。

(4) 特别重大事故：造成 30 人以上死亡，或者 100 人以上重伤，或者 1 亿元以上直接经济损失的事故，由国家安全监管总局初步认定，报国务院确认。

(5) 已由公安机关立案侦查的事故，按生产安全事故进行报告。侦查结案后认定属于刑事案件或者治安管理案件的，凭公安机关出具的结案证明，按公共安全事件处理。

三、事故调查的组织

1. 事故调查小组的组成和任务

(1) 事故调查组成员应当符合下列条件：

① 具有事故调查所需要的某一方面的专长；

② 与所发生事故没有直接利害关系。

(2) 事故调查组的职责：

① 查明事故发生原因、过程和人员伤亡、经济损失情况；

② 确定事故责任者；

③ 提出事故处理意见和防范措施的建议；

④ 写出事故调查报告。

(3) 事故调查组的职权及意见不一致时的处理方式。事故调查组有权向发生事故的企业和有关单位、有关人员了解有关情况和索取有关资料。事故调查组在查明事故情况以后，如果对事故的分析和事故责任者的处理不能取得一致意见，安全生产监督管理部门有权提出结论性意见。如果仍有不同意见，应当报上级安全生产监督管理部门会同有关部门处理。仍不能达成一致意见的，报同级人民政府裁决。但不得超过事故处理工作的时限。

总之，事故调查小组应按企业的隶属关系和事故的类别成立事故调查小组。应有安全生产监督部门、公安、检察部门、工会部门等参加。根据事件的需要，可邀请相关部门和专家参加。

2. 事故调查报告的内容

事故调查报告应在完成事故全部调查取证后由事故调查组完成。包括以下内容。

(1) 事故发生的经过(充分体现客观真实性)；

(2) 事故原因分析(有理、有据、有数字、体现科学性)；

(3) 事故责任划分和处理意见(无个人感情用事，体现法制性)；

(4) 整改措施(措施得力、具体、可操作、体现实用有效性)；

(5) 调查报告要有封面、目录、成员名单和其他说明。

第二章 安全生产事故调查取证及原因分析

一、事故的调查取证

事故调查取证可从以下 5 方面入手：

(1) 事故现场处理；

(2) 事故有关物证的收集；

(3) 事故事实材料的收集；

(4) 事故人证材料收集记录；

(5) 事故现场摄影及事故现场图绘制。

1. 事故现场处理

(1) 抢救伤者、控制事故蔓延；

(2) 保护现场，不破坏任何痕迹；

(3) 需要移动现场应做好标志；

(4) 如需破坏现场要绘制草图，记录拍照。

2. 事故有关物证的收集

(1) 物证包括损坏的部件、碎片、残留物等；

(2) 物件应贴标签，注明地点、时间、保管人；

(3) 物件应保持原样，要有安全保护措施；

(4) 绘制事故现场草图；

(5) 对事故破坏程度予以说明。

3. 事故事实材料的收集

(1) 与事故鉴别有关的材料；

(2) 与事故发生有关的事实。

4. 事故人证材料收集记录

(1) 寻找证人、收集证据；

(2) 向目击者及现场人员了解情况；

(3) 保证交谈记录的准确性、真实性。

5. 事故现场摄影及事故现场图绘制

(1) 有条件时可照相、摄影；

(2) 绘制现场图，可以是示意图、作业流程图、伤者位置图等。

二、事故的原因分析

1. 事故的直接原因和间接原因

直接原因是人和物承受不了一定数量的危害物质而造成的，这些危害物质就是事故发生的直接原因。

间接原因包括以下几个方面，如人的不安全行为、物的不安全状态或决策缺陷等。

2. 事故原因分析的主要内容及基本步骤

(1) 事故原因分析时通常要明确以下内容：

① 事故发生前存在的不正常现象；

② 不正常现象发生的时间、地点、部位；

③ 事故发生的顺序及可能的原因。

(2) 事故原因分析的基本步骤：

① 整理和阅读调查材料；

② 分析伤害方式；

③ 分析确定事故的直接原因；

④ 分析确定事故的间接原因。

(3) 事故直接原因的分析内容：

① 人的不安全行为；

② 物的不安全状态；

③ 环境因素的影响程度。

(4) 事故间接原因的分析内容：

间接原因包括安全培训、劳动组织、事故隐患、安全操作规程等。事故间接原因的分析是对间接原因导致的事故发生的大小进行分析。

第三章　安全生产事故的处理与整改措施

一、事故性质的认定

安全事故性质的认定一般有以下几种分类，企业职工伤亡事故、火灾事故、交通事故的分类等。

1. 企业职工伤亡事故的分类

根据我国《企业职工伤亡事故报告和处理规定》的规定，人身伤亡事故是指职工在本岗位劳动，或虽不在本岗位劳动，但由于企业的设备和设施不安全、劳动条件和作业环境不良，所发生的人身伤亡事故，根据事故的严重程度，事故等级分为轻伤事故、重伤事故、死亡事故、重大死亡事故、特大死亡事故、特别重大事故。

(1) 轻伤事故，是指职工负伤后休一个工作日以上，构不成重伤的事故。

(2) 重伤事故，是指一次事故中发生重伤(包括拌有轻伤)、无死亡事故。

(3) 死亡事故，是指一次事故中死亡职工 1～2 人的事故。

(4) 重大死亡事故，是指一次死亡 3～9 人(含 3 人)的事故。

(5) 特大死亡事故，是指一次死亡 10～29 人的事故。

(6) 特别重大事故，是指一次死亡 30 人(含 30 人)以上的事故。

2. 火灾事故的分类

根据我国《火灾统计管理规定》的规定，按照一次火灾事故所造成的人员伤亡、受灾户数和直接财产损失，火灾等级划分为 3 类：

(1) 特大火灾，是指具有下列情形之一的火灾：死亡 10 人以上(含本数，下同)；重伤 20 人以上；死亡、重伤 20 人以上；受灾 50 户以上；直接财产损失 100 万元以上。

(2) 重大火灾，是指具有下列情形之一的火灾：死亡 3 人以上；重伤 10 人以上；死亡、重伤 10 人以上；受灾 30 户以上；直接财产损失 30 万元以上。

(3) 一般火灾，是指不具有前列两项的火灾。

3. 交通事故的分类

根据我国《中华人民共和国道路交通管理条例》的规定，交通事故分以下几类：

(1) 轻微事故，是指一次造成轻伤 1～2 人，或者财产损失机动车事故不足 1000 元，非机动车事故不足 200 元的事故。

(2) 一般事故，是指一次造成重伤 1～2 人，或者轻伤 3 人以上，或者财产损失不足 3 万元的事故。

(3) 重大事故，是指一次造成死亡 1～2 人，或者重伤 3 人以上 10 人以下的，或者财产损失 3 万元以上不足 6 万元的事故。

(4) 特大事故，是指一次造成死亡 3 人以上，或者重伤 11 人以上，或者死亡 1 人，同时重伤 8 人以上，或者死亡 2 人，同时重伤 5 人以上，或者财产损失 6 万元以上的事故。

二、事故责任的划分

1. 事故责任的分类

事故责任分以下几类：直接责任、主要责任和领导责任。

一般情况下，凡因"人的不安全行为"造成的事故，这个"不安全行为"的实施人，就是直接责任人，承担直接责任；而"机械、物质或环境的不安全状态"造成的事故，直接责任人就是造成"不安全状态"的人；凡是因为上面所列的"间接原因"造成的事故，一律追究领导责任。

很多情况下，直接责任人不一定承担主要责任。比如某工地一工人肩扛一根近 3 m 长的钢筋在工地行走时，碰到了工地架空电缆，并将电缆拉断，引起现场另一名工人触电。这起事故的直接责任人就是扛钢筋的工人，但主要责任人应该是设置架空线的人(违反了架空电缆高度要求)。同时，有关领导和有关人员显然应该承担教育、检查不够，管理混乱的责任。

另外，《国务院关于进一步加强安全生产工作的决定》(国发【2004】2 号) 还要求，要"认真查处各类事故，坚持事故原因未查清不放过、责任人员未处理不放过、整改措施未落实不放过、有关人员未受到教育不放过的"四不放过"原则，不仅要追究事故直接责任人的责任，同时要追究有关负责人的领导责任。

《安全生产法》所称的生产经营单位，是指从事生产活动或者经营活动的基本单元，既包括企业法人，也包括不具有企业法人资格的经营单位、个人合伙组织、个体工商户和自然人等其他生产经营主体；既包括合法的基本单元，也包括非法的基本单元。

《安全生产法》和《生产安全事故报告和调查处理条例》所称的生产经营活动，既包括合法的生产经营活动，也包括违法违规的生产经营活动。

国家机关、事业单位、人民团体发生的事故的报告和调查处理，参照《生产安全事故报告和调查处理条例》的规定执行。

2. 事故处理依据

(1) 事故处理是事故调查目的的实现；

(2) 事故调查是事故预防工作的延伸；

(3) 事故处理应客观公正、以事实为依据。

3. 事故调查处理的原则

(1) 实事求是、尊重科学的原则；

(2) 坚持"四不放过"的原则；

(3) 公开公正的原则；

(4) 分级管理的原则。

4. 事故调查处理的分工规定

根据事故的类型、严重程度，按隶属关系及相应级别的安全监督管理部门会同相关部门调查处理。

三、事故教训及整改措施

1. 事故教训

(1) 有事故发生的原因才可能有事故发生，总结教训就是消除发生事故的原因。

(2) 事故教训要从多方面去考虑，如安全技术标准是否落实、培训教育是否到位、企业负责人是否注意安全等。

2. 整改措施

整改措施要从安全技术、安全管理和安全培训三方面做起。

管理措施要形成保障机制，安全培训要有效果。

四、安全教育与培训

安全生产教育与培训的形式很多。"三级"安全教育是安全生产教育与培训的一种形式，也是法律明确规定的对新员工的安全教育制度。那么，什么是"三级"安全教育？新员工通过"三级"安全教育能学到哪些东西？

1. "三级"安全教育的涵义

"三级"安全教育制度是企业安全教育的基本教育制度。教育的对象是新进厂的人员，包括新进入的员工，临时工，季节工，代培人员和实习人员。"三级"安全教育是指厂(矿)级安全生产教育、车间(工段，区，队)级安全生产教育、班组级安全生产教育。

2. "三级"安全教育培训内容

1) 厂(矿)级安全生产教育主要内容

(1) 安全生产基本知识；

(2) 本单位安全生产规章制度；

(3) 劳动纪律；

(4) 作业场所和工作岗位存在的危险因素，防范措施及事故应急措施；

(5) 有关事故案例等。

2) 车间(工段，区，队)级安全生产教育主要内容

(1) 本车间(工段，区，队)安全生产状况和规章制度；

(2) 作业场所和工作岗位存在的危险因素；

(3) 防范措施及事故应急措施；

(4) 事故案例。

3) 班组级安全生产教育主要内容

(1) 岗位安全操作规程；

(2) 生产设备，安全装置，劳动防护用品(用具)的性能及正确使用方法；

(3) 事故案例。

3. 企业"三级"安全教育的组织实施

厂(矿)级安全生产教育培训一般由人事部门组织,安全技术管理部门共同实施。车间(工段,区,队)级安全生产教育培训由车间(工段,区,队)负责人会同车间安全管理人员负责组织实施。班组级安全生产教育由班组长会同安全员,带班师傅组织实施。

4. "三级"安全教育与其他安全教育的关系

"三级"安全教育是最基础的安全教育。新员工除要接受"三级"安全教育培训以外,还必须接受经常性的安全教育,复工教育,"四新"教育,特别是要从事特种作业的员工,还必须接受专门的特种作业人员安全教育培训,取得特种作业人员操作资格证,才能上岗作业。"三级"安全教育不能代替其他教育,其他教育也不能代替"三级"安全教育,员工只有通过这些教育培训,才能不断提高自身的安全意识和技能,从而实现安全生产。

5. 特种作业教育和其他形式教育

1) 特种作业人员的涵义

特种作业人员是指其作业的场所,操作的设备,操作内容具有较大的危险性,容易发生伤亡事故,或者容易对操作者本人、他人以及周围设施的安全造成重大危害的作业人员。由于特种作业人员在生产作业过程中承担的风险较大,一旦发生事故,便会带来较大的损失。因此,对特种作业人员必须进行专门的安全技术知识教育和安全操作技术训练,并经严格的考试,考试合格后方可上岗作业。

2) 特种作业及其人员的范围

(1) 电工作业:含发电、送电、变电、配电工;电气设备的安装、运行、检修(维修)、试验工;矿山井下电钳工。

(2) 金属焊接,切割作业:含焊接工、切割工。

(3) 起重机械(含电梯)作业:含起重机械(含电梯)司机、司索工、信号指挥工、安装与维修工。

(4) 企业内机动车辆驾驶:含在企业内及码头、货场等生产作业区域和施工现场行驶的各类机动车辆的驾驶人员。

(5) 登高架设作业:含2 m以上登高架设、拆除、维修工、高层建筑物表面清洁工。

(6) 锅炉作业(含水质化验):含承压锅炉的操作工,锅炉水质化验工。

(7) 压力容器作业:含压力容器罐装工,检验工,运输押运工,大型空气压缩机操作工。

(8) 制冷作业:含制冷设备安装工,操作工,维修工。

(9) 爆破作业:含地面工程爆破,井下爆破工。

(10) 矿山通风作业:含主风扇机操作工,瓦斯抽放工,通风安全检测工,测风测尘工。

(11) 矿山排水作业:含矿井主排水泵工,尾矿坝作业工。

(12) 矿山安全检查作业:含安全检查工,瓦斯检验工,电器设备防爆检查工。

(13) 矿山提升运输作业:含主提升机操作工,(上,下山)绞车操作工,固定胶带输送机操作工,信号工,拥罐工。

(14) 采掘(剥)作业:含采煤机司机,掘进机司机,耙岩机司机,凿岩机司机。

(15) 矿山救护作业。

(16) 危险物品作业：含危险化学品，民用爆炸品，放射性物品的操作工，运输押运工，储存保管员。

(17) 经国家局批准的其他的作业。

思考题

1. 简述"三级"安全教育以及内容。

2. 生产安全事故根据造成的人员伤亡或者直接经济损失分成几级？是如何划分的？

3. 安全生产事故调查处理的原则是什么？

第四章　典型案例分析

一、管道人孔内的毒气毒死两人事故

1. 事故经过

××××年3月，某省邮电工程公司第五线路施工队在某市开始进行管道电缆施工。工程进入后期阶段，7月29日上午8点30分，施工人员张某、谢某两人到长途汽车站第8号巷道人孔测量气压，到达施工现场后张某打开井盖随即跳进人孔，十分钟后谢某见张某还没上来，便也跳进人孔……一直等到10点10分，施工人员赵某和刘某经过此处发现井盖开着，并看到两辆自行车挡在井口附近，再仔细观察，才发现两人已经躺在人孔中，面部呈紫黑色，已中毒死亡。图2-4-1所示为事故现场示意图。事故发生后，施工单位立即通过当地邮电局报告当地公安局，并报告给上级主管部门：省邮电管理局。

图 2-4-1　事故现场示意图

2. 事故原因分析

各相关部门立即赶赴事故现场，会同当地公安、医院、防疫、城建等部门成立事故调查组。对事故发生的经过、原因进行了调查、分析、取证，并做出结论：

(1) 井内有毒气体主要成分硫化氢致人中毒而死。

(2) 施工人员违反操作规程，安全意识淡薄。

3. 主要教训

(1) 施工人员严重违反操作规程。操作规程规定：井盖打开后要通风换气，确认安全后才能下去，并且上下人井时要使用梯子。施工人员没有按操作规程去做，打开井盖后马上下去，并且是跳下去的。

(2) 施工人员安全意识淡薄，麻痹大意。第五线路施工队已于 3 月 15 日就进驻该市进行管道电缆施工，并没发生过任何事故，工程接近尾声，思想麻痹大意。

(3) 施工人员缺乏安全知识。施工人员不清楚井下有毒气体在不同的季节、不同的施工阶段浓度不一样，侥幸误认为前期一直在井下干活挺安全的。

4. 整改措施

(1) 施工管理人员和一线施工人员必须牢固树立"安全第一"的思想，正确处理好安全与生产、安全与效益的关系，确保必要的安全投入，保证人孔井下的施工安全。

(2) 各级管理人员立即检查各项规章制度、操作规程的落实情况，纠正施工人员安全意识淡薄、麻痹大意、心存侥幸的错误思想。

(3) 立即配备"有毒气体监测仪"，根据施工进度经常测量人孔内有毒气体的含量，在确保安全的前提下才能进入人孔内工作。同时以科学态度教育施工人员克服恐慌心理，保证安全生产顺利进行。

二、架设光缆钢绞线触及电力高压线事故

1. 事故经过

××××年 7 月下旬，某地通信工程公司第二施工队在某县的一个乡镇进行架空光缆工程施工。24 日下午雷阵雨刚停，天气非常炎热，线务员王某带领六名民工去架设钢绞线。这段杆路经过一片果园和玉米地，16 点 50 分准备收紧已布放过的钢绞线，王某指挥，另有四人负责拉紧，此时钢绞线被一树枝挂住，王某又调来另外两人，六人同心协力奋力一拉，致使钢绞线刮断树枝高高弹起，触及其上方电力高压线。六名民工当场全部被击倒，造成五人死亡一人重伤的特大伤亡事故。

2. 事故原因分析

(1) 工程项目负责人无视安全管理，没有了解施工现场周围的环境，在工程安全管理方面严重失职。误认为工程的规模很小，技术上很简单，而对工程的风险性估计不足，是造成事故的主要原因，应负主要责任。

(2) 线务员王某到达施工现场后没有实地勘察，没有调查了解施工现场周围的危险源，一味盲目蛮干、错误指挥，是造成事故的直接原因。

(3) 没有安全劳动保护措施。施工人员在炎热的夏天施工，又是刚刚下过雨的潮湿的玉米地，赤臂赤脚没有任何绝缘保护措施，这是造成事故进一步严重的次要原因。

3. 事故教训及整改措施

(1) 选派重视安全、懂得技术、责任心强、经验丰富的人担任工程项目负责人。针对工程的特点既要注重技术又要注重安全，加强对全体员工的安全意识、安全技术教育。

(2) 加强对工程中的关键工序负责人的培训。提高安全管理水平，增强安全防护意识。根据不同的季节，不同环境中的施工特点，制定出相应的安全保护措施，始终把安全生产放在第一位。

(3) 进一步加强劳动防护用品的管理。检查落实劳动防护用品的发放和使用，特别注重对在恶劣的天气、特殊的工作岗位上施工人员的劳动保护，加大投入，落到实处。

三、电缆皮破裂导致触电事故

1. 事故经过

某日下午，天空正刮台风、下大雨，某施工单位 2 名施工人员在某新建基站挖孔桩施工时，因电线电缆没有穿管保护，被电箱的铁皮割破绝缘皮，造成电箱外壳、提升机的钢铰线带电，其中 1 名施工人员不慎触及提升机钢铰线受电击，经抢救无效死亡。事故(如图 2-4-2 所示)等级为一般事故。

图 2-4-2　触电事故现场

2. 事故原因分析

1) 直接原因

电线电缆没有做管保护，电线电缆被割破，造成施工人员触电，是导致死亡的直接原因。

2) 间接原因

(1) 施工现场安全检查不到位，未能及时发现电线电缆绝缘皮被割破。

(2) 施工作业人员没有穿防护服、绝缘鞋。

(3) 施工作业前，未进行安全技术交底。

(4) 作业人员安全教育不到位，安全意识淡薄。

3. 涉电作业防范(整改)措施

(1) 施工作业前应做好安全技术交底，要针对项目的特点、风险点、防范措施等向作业人员进行交底，并双方签字确认，如图 2-4-3 所示。

图 2-4-3　作业前做好安全技术交底

(2) 作业人员应做好防护措施，穿绝缘鞋，戴绝缘手套，如图 2-4-4 所示。

图 2-4-4　强电作业穿防护服、绝缘鞋

(3) 施工现场用电，应采用三相五线制的供电方式。用电应符合三级配电结构，分 3 个层次逐级配送电力，做到一机(施工机具)一箱。规范临时用电接线方法。临时用电，采用驳接方式，会存在较大隐患，如图 2-4-5 所示；采用一闸、一开漏电保护装置，是临时用电的规范做法，如图 2-4-6 所示。

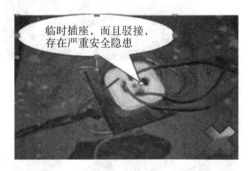

图 2-4-5　临时用电的错误接电方法

图 2-4-6　临时用电的规范做法

(4) 电动工具的绝缘性能、电源线、插头和插座应完好无损，电源线不应任意接长或更换。维修和检查时应由专业人员负责。

(5) 检修各类配电箱、开关箱、电气设备和电力工具时，必须切断电源，必要时设专人看管，如图 2-4-7 所示。按规定做好现场围蔽并挂安全警示标志，如图 2-4-8 所示。线缆破损要及时更换，如图 2-4-9 所示。

图 2-4-7　检修各类配电箱、线缆应专业人员操作

图 2-4-8　现场围蔽并挂安全警示标志

图 2-4-9　线缆破损要及时更换

四、土方坍塌事故

1. 事故经过

XX 施工单位现场负责人带领 5 位施工人员对位于某市一交叉路口处的通信管道进行开挖作业。经过几个小时的工作，已开挖好长约 10 m，深约 1.5 m 的管道。下午 17:00 时左右突然上方堆放的泥土石块坍塌，一名施工人员因躲避不及，胸部以下被泥石掩埋，经

120 医生现场抢救无效死亡，而另一名工人受到轻伤。

2. 事故原因分析

1）直接原因

工程实施期间，沟道上方堆放的泥土、石块突然塌方，一名施工作业人员被泥石掩埋，导致死亡和受伤事故。

2）间接原因

(1) 在流砂、疏松土质的沟深超过 1 m 或硬土质沟的侧壁与底面夹角小于 115° 且沟深超过 1.5 m 时，没有安装挡土板。

(2) 施工现场交叉作业较多，市政道路改造、电力、煤气、供水等管道迁改同时施工，开挖的泥土、石块混乱堆放一起，没有及时清运，各方安全生产责任主体落实不到位。

(3) 施工人员未按规定佩戴和使用劳动防护用品。

从图 2-4-10 现场的照片上可以看出，施工现场交叉作业较多，并发现施工人员头上戴的是草帽，脚上穿的是拖鞋。

图 2-4-10　现场照片

3. 土建工程防范(整改)措施

(1) 放样人员未按设计图纸定位放样，造成基础位置偏移，存在持力层土质改变、地基承载力不符合设计要求的风险。应根据轴线控制桩投测出控制轴线，然后根据开挖线与控制轴线的尺寸关系放样出开挖线，并撒白灰线作为标志，见图 2-4-11 和图 2-4-12。

　　图 2-4-11　按照正规流程放线　　　　　　图 2-4-12　未先测量放线，随意开挖

（2）土方开挖过程中，开挖坡度大，土质松软，应做坡面压护，防止土方坍塌。见图 2-4-13 和图 2-4-14。

　图 2-4-13　土质松软、坡度过大，导致开挖坍塌　　　图 2-4-14　坡度过大，及时修筑挡土墙

（3）基坑边缘堆土过近、过高，造成基坑坍塌事故。临时堆土距坑槽边沿至少 1 m，堆土高度不得超过 1.5 m，参见图 2-4-15 和图 2-4-16。

　图 2-4-15　临时堆土应远离基坑并控制堆土高度　　　图 2-4-16　堆土离基坑太近、过高

（4）未设置防护栏杆或警示带，过往行人或现场施工人员误入挖掘机施工区域，掉入

基坑或基槽，其至挖掘机会误伤人员，引发安全事故。如图 2-4-17 所示为正确做法。如图 2-4-18 所示为作业安全距离不足。

图 2-4-17 施工现场按照规定围蔽，　　　　　　图 2-4-18 土方开挖未围蔽，闲杂人员进入
　　　　　悬挂安全警示标志　　　　　　　　　　　　　后被伤害作业安全距离不足

(5) 操作面过小，作业安全距离不足，造成物体打击安全事故。多人同时开挖操作时，应保持足够的安全距离，人工作业间距不少于 2.5 m；机械作业安全间距不少于 10 m。

(6) 地基基础开挖深度不够，地圈梁钢筋密度、型号与设计不符，混凝土配合比不符合设计要求，可能导致地基沉降，参见图 2-4-19 和图 2-4-20。

图 2-4-19 塔桅基础钢筋笼密度、型号不对　　　　图 2-4-20 混凝土配合比不够

(7) 模板支撑不牢固，在浇筑混凝土时，易造成模板坍塌或胀模。模板支撑应结实且应立在坚实的地面上，防止支柱下沉，引起坍塌，同时板缝处必须设置斜撑。参见图 2-4-21。

图 2-4-21 模板用木头支撑，不牢固

(8) 板缝拼接不严，漏浆严重。模板的接缝必须密合，如有缝隙须用塑料胶带粘贴或水泥腻子填塞，以防止漏浆。参见图 2-4-22。

图 2-4-22　拆模后漏浆严重

(9) 楼顶女儿墙或山墙边新建反梁，没做好安全防护措施，如图 2-4-23 所示，存在高处坠落风险。现场需设置或搭设悬挑式脚手架、张开密目式安全网等防护措施，以防人员、工器具坠落。图 2-4-24 所示为正确做法。

图 2-4-23　未采取任何防护措施　　　　　图 2-4-24　现场设置防坠落措施

(10) 钢筋绑扎未使用垫块或使用垫块不当，钢筋保护层厚度不够，拆模时露筋。钢筋绑扎时，应提前准备垫块置于楼面，在绑扎钢筋时，均匀垫在钢筋下面，确保钢筋保护层厚度，参见图 2-4-25。

(11) 节点位置加密区箍筋没有加密，易造成断裂或垮塌。

(12) 负筋保护不当，影响悬挑结构、阳台等整体安全性，易造成垮塌事故，参见图 2-4-26。

图 2-4-25　未使用垫块

图 2-4-26　负筋被踩踏

(13) 梁柱等主钢筋数量不足，影响到整体安全性，存在重大安全隐患。

(14) 现浇混凝土搅拌不均匀，振捣不密实，造成混凝土强度不够，存在安全隐患；现场拌制混凝土必须搅拌均匀，搅拌时间不得少于 5 分钟，浇筑时必须用振动棒振捣密实，振动棒快插慢拔，振动棒插入后混凝土面不冒气泡不下沉即表示混凝土振捣密实，同时梁柱节点位置钢筋密集，必须加强振捣，参见图 2-4-27 和图 2-4-28 正误对照。

图 2-4-27　节点位置混凝土搅拌不均匀，振捣不密实

图 2-4-28　混凝土振捣密实

五、倒塔事故

1. 事故经过

某新建移动基站铁塔施工现场，施工人员在铁塔底座螺丝没有固定的情况下，违章上

塔进行安装操作，导致塔身发生倾覆，造成 4 名施工人员死亡。事故等级为较大安全事故。参见图 2-4-29。

图 2-4-29　倒塔事故现场图片

2. 事故原因分析

1) 直接原因

施工人员在铁塔底座尚未固定的情况下，违章上塔进行安装操作，导致塔身发生倾覆，是造成事故的直接原因。图 2-4-30 为螺栓缺失，造成底座固定不牢。正确安装方法是：同一节点板上，要使用相同规格长度的螺栓组件。

图 2-4-30　螺栓缺失

图 2-4-31　螺栓组件要齐全并拧紧固定

2) 间接原因

(1) 违反《安全生产法》的规定，在登高作业中没有配备专职安全生产管理人员对施工现场进行安全管理。应如图 2-4-32 所示，高处作业现场配有安全管理人员监督。

图 2-4-32　高处作业现场安全管理人员监督

(2) 施工人员未按要求佩戴安全帽、系安全带。

(3) 施工人员安全教育不到位。

(4) 作业前未对施工作业人员进行安全技术交底。应如图 2-4-33 所示，做好现场安全技术交底。

图 2-4-33　做好现场安全技术交底

3. 铁塔安装防范(整改)措施

(1) 材料检查(关注构件厚度、镀锌层厚度、焊接质量、有没有明显的变形裂纹)，参见图 2-4-34 和图 2-4-35。

图 2-4-34　测量铁塔材料构件厚度　　　图 2-4-35　测量铁塔材料镀锌层厚度

(2) 基础验收、混凝土基础强度回弹仪测试：安装前对基础混凝土强度进行回弹测试，三管塔、角钢塔和三管塔砼不低于设计强度等级的 70%，单管塔砼不低于设计强度等级的 100%，方可组塔，参见图 2-4-36 安装前应做检测。

图 2-4-36　安装前检测承台砼强度是否达到设计要求

(3) 安装铁塔的主要构件时，应吊装在设计图纸上标示的位置上，在松开吊钩前应初步校正并牢固。安装完第一节构件，应按规定进行校正后，方可进行第二节安装。当落地塔段安装并校正后，应将全部地脚螺母安装并拧紧。整个塔体安装完毕后应进行螺栓紧固检查。图 2-4-37 所示为地脚螺栓的正确紧固方法。

图 2-4-37　地脚螺栓需要漏出 3～5 扣，采用双螺母固定

(4) 防雷接地引下线需和接地系统的避雷引上线进行焊接，焊接时应三面施焊，焊缝要完整、饱满、没有明显的气孔，参见图 2-4-38。

图 2-4-38　避雷引上线需焊接在踏脚板上

六、高处坠落

高处作业如图 2-4-39 所示。

图 2-4-39 高空作业图

高处作业防范措施如下所列：

(1) 从事特殊工种的作业人员在上岗前，必须进行专门的安全技术和操作技能的培训和考核，并经培训考核合格，取得《特种作业人员操作证》后方可上岗。

(2) 施工人员在施工生产过程中，必须按照国家规定不同的专业需要，正确穿戴和使用劳动保护用品。

(3) 施工作业前应进行安全技术交底，针对项目的特点、风险点、防范措施等向作业人员进行交底，并双方签字确认。

(4) 高处作业等高风险作业环节，施工单位安全管理人员必须到现场进行监督管理。

(5) 登高作业前，应检查作业人员的精神状态，状态不佳者不准上塔作业。经医生检查身体不宜上塔的人员严禁上塔作业，酒后严禁上塔作业。参见图 2-4-40。

(6) 登高作业时，材料、设备、工具不能随意摆放，否则容易导致物体滑落；应随身携带工具袋，用完后及时将工具放入袋中。参见图 2-4-41。

图 2-4-40 身体欠佳、精神不振，容易发生安全事故

图 2-4-41 随身携带工具袋，用完后及时
将工具放入袋中

(7) 雨雪、高温、冰凌、六级及以上台风等恶劣天气禁止强行登高。如图 2-4-42 所示，六级大风仍在登高作业易发生危险。

图 2-4-42　六级大风仍在登高作业　　　图 2-4-43　与强电、强磁作业距离保持在 3 m 以上

(8) 高处作业距离强电、强磁的安全距离应保持在 3 m 以上。参见图 2-4-43。

(9) 两人同时上塔，两人之间距离应保持在 3 m 以上。如图 2-4-44 所示，两人登高安全距离不够。

(10) 夜间照明条件不足，强行上塔作业时，易导致人员和物体坠落。参见图 2-4-45。

图 2-4-44　两人同时上塔，距离小于 3 m　　图 2-4-45　夜间照明不足的条件下强行上塔作业

安全生产无小事，一个小小的安全帽、一根细细的安全带、一个看似不起眼的防护，在关键时刻就能保住你的生命。请牢记通信工程作业安全操作规范，别因小失大！

七、气体中毒事故

1. 事故经过

某市一小区内某通信运营商的一机房突然停电，运维部门安排 2 名工人前往机房发电，工人将柴油发电机放在机房内进行发电，并关好门在机房内休息。中午 12 点左右，2 名工人因一氧化碳中毒死亡，经判断是因违规在室内使用柴油发电机引发疑似一氧化碳中毒的事故。事故等级一般事故，参见图 2-4-46 和图 2-4-47。

图 2-4-46 柴油发电机   图 2-4-47 抢救中毒工人

2. 事故原因分析

1) 直接原因

作业人员违规将柴油发电机放在机房内进行发电，引起一氧化碳中毒，是造成死亡事故的直接原因。

2) 间接原因

(1) 施工作业前，未进行安全技术交底。

(2) 作业人员安全教育不到位，安全意识淡薄。

(3) 在机房内没有安装通风排气设备。

3. 发电作业防范(整改)措施

(1) 施工作业前应进行安全技术交底，要针对项目的特点、风险点、防范措施等向作业人员进行交底。

(2) 严禁在室内使用发电机，正确做法如图 2-4-48 所示，基站发电应将发电机放在室外进行。禁止将发电机的进、排气风口对准基站门口或上风方向排放废气。

图 2-4-48 基站发电应在室外发电

(3) 必须在存放发电机的位置标示出"易燃物品，严禁烟火"等标志，如图 2-4-49 所示。严禁将发电机与易燃易爆品和杂物混合堆放，如图 2-4-50 所示的混合堆放，存在安全隐患。

图 2-4-49　"易燃物品，严禁烟火"等标志　　图 2-4-50　发电机与易燃易爆品和杂物混合堆放

(4) 禁止使用塑料桶等非金属容器装载燃油，应如图 2-4-51 所示，使用金属容器装载燃油。

(5) 线缆不能浸水、破损，以防止短路、触电，如图 2-4-52 所示，线缆浸水易造成短路触电事故。

图 2-4-51　应使用金属容器装载燃油　　　　　图 2-4-52　线缆浸水

(6) 如图 2-4-53 所示，发电机开启后，操作人员不得远离，应监视发电机的运转情况，发现异常，立即停机检修。严禁在发电机周围吸烟或使用明火。

(7) 发电时，发电机需接好地线，按照电工操作规范接好零线和火线，不能裸露线缆和随意并接，参见图 2-4-54。

图 2-4-53　发电机发现异常，立即停机检修　　图 2-4-54　发电时发电机地线接地要良好

(8) 雨雪天发电时，应穿戴绝缘胶鞋、绝缘手套避免电缆漏电而被伤害，参见图 2-4-55。

(9) 操作交流电源的切换必须严格遵守断电、验电、操作的流程实施，切换完毕必须确保所有设备恢复正常后才离开现场，参见图 2-4-56。

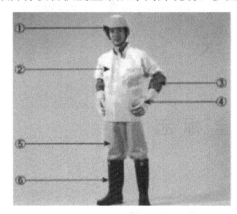 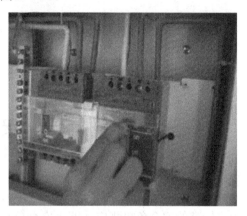

图 2-4-55　穿戴绝缘胶鞋绝缘手套　　　图 2-4-56　交流电源切换严格遵守断电、
　　　　　　　　　　　　　　　　　　　　　　　　　验电、操作的流程实施

附　录

附录一　安　全　标　志

一、安全色

国家标准的安全色里规定，四大安全色系为红、蓝、黄、绿。

安全色标是特定的表达安全信息含义的颜色和标志。它以形象而醒目的信息语言向人们提供表达禁止、指令、警告、提示等安全信息。

安全色就是根据颜色给予人们不同的感受而确定的。由于安全色是表达"禁止""指令""警告"和"提示"等安全信息含义的颜色，所以要求容易辨认和引人注目。

红、蓝、黄、绿这四种颜色有如下特性：

红色。红色很醒目，使人们在心理上会产生兴奋感和刺激性。红色光光波较长，不易被尘雾所散射，在较远的地方也容易辨认，即红色的注目性非常高，视认性也很好，所以用其表示危险、禁止和紧急停止的信号。

蓝色。蓝色的注目性和视认性虽然都不太好，但与白色相配合使用效果不错，特别是在太阳光直射的情况下较明显，因而被选用为指令标志的颜色。

黄色。黄色对人眼能产生比红色更高的明度。黄色与黑色组成的条纹是视认性最高的色彩，特别能引起人们的注意，所以被选用为警告色。

绿色。绿色的视认性和注目性虽然不高，但绿色是新鲜、年轻、青春的象征，具有和平、永远、生长、安全等心理效应，所以用绿色提示安全信息。

为了使人们对周围存在不安全因素的环境、设备引起注意，需要涂以醒目的安全色以提高人们对不安全因素的警惕。另外，统一使用安全色，能使人们在紧急情况下，借助于所熟悉的安全含义，尽快识别危险部位，及时采取措施，提高自控能力，有助于防止事故的发生。但必须注意，安全色本身与安全标志一样，不能消除任何危险，也不能代替防范事故的其他措施。

对涂有安全色的部件，应经常保持清洁，如有变色、褪色等不符合安全色的颜色管理规定时，应及时重涂，以保证安全色的正确、醒目。半年至一年应检查一次。

二、警示标志

1. 警告安全标志

警告安全标志如附图 1-1 所示。

附图 1-1　警告安全标志

2. 当心标志

当心标志如附图 1-2 所示。

附图 1-2　当心标志

3. 警示牌

警示牌如附图 1-3 所示。

附图 1-3 警示牌

4. 交通标志

交通标志如附图 1-4 所示。

| 直行 | 直行和向右转弯 | 立交直行和左转弯行驶 | 鸣喇叭 | 向左转弯 | 向左和向右转弯 |

| 立交直行和右转弯行驶 | 最低限速 | 向右转弯 | 靠右侧道路行驶 | 环岛行驶 | 单行路向左或向右 |

直行和向左转弯　靠左侧道路行驶　步行　单行路直行　干路先行　直行车道

附图 1-4　交通标志

附录二　高处作业分级

一、　主题内容与适用范围

本标准规定了高处作业的术语、高度计算方法及分级。本标准适用于各种高处作业。

二、引用标准

GB4200 高温作业分级

GB12330 体力搬运重量限值

三、　基本定义

1. 高处作业

凡在坠落高度基准面 2 m 以上(含 2 m)有可能坠落的高处进行的作业称为高处作业。

2. 坠落高度基准面

通过可能坠落范围内最低处的水平面称为坠落高度基准面。

3. 可能坠落范围半径

为确定可能坠落范围而规定的相对于作业位置的一段水平距离称为可能坠落范围半径。其大小取决于与作业现场的地形、地势或建筑物分布等有关的基础高度。

4. 基础高度

以作业位置为中心，6 m 为半径，划出一个垂直于水平面的柱形空间，此柱形空间内最低处与作业位置间的高度差称为基础高度。

5. 可能坠落范围

以作业位置为中心，可能坠落范围半径为半径划成的与水平面垂直的杜形空间，称为可能坠落范围。

6. 高处作业高度

作业区各作业位置至相应坠落高度基准面的垂直距离中的最大值，称为该作业区的高处作业高度。简称作业高度。

四、高处作业分级

(1) 作业高度分为 2～5 m；＞5～15 m；＞15～30 m 及＞30 m 四个区域。

(2) 直接引起坠落的客观危险因素分为九类：

① 阵风风力六级(风速 10.8 m/s)以上；

② GB4200 规定的 II 级以上的高温条件；

③ 气温低于 10℃的室外环境；

④ 场地有冰、雪、霜、水、油等易滑物；

⑤ 自然光线不足，能见度差；

⑥ 接近或接触危险电压带电体；

⑦ 摆动，立足处不是平面或只有很小的平面，致使作业者无法维持正常姿势；

⑧ 抢救突然发生的各种灾害事故；

⑨ 超过 GB12330 规定的搬运。

(3) 不存在第四项第 2 条列举的任一种客观危险因素的高处作业按附表 2-1 中规定的分类法 A 级。存在第四项第 2 条列举的一种或一种以上的客观危险因素的高处作业按附表 2-1 中规定的分类法 B 级。

附表 2-1　高处作业分级

级别＼作业高度/m＼分类法	2～5	＞5～15	＞15～30	＞30
A	I	II	III	IV
B	II	III	IV	IV

五、作业高度计算方法

(1) 可能坠落范围半径以 R 表示，基础高度以 h 表示，作业高度以 H 表示。

(2) 可能坠落范围半径 R 分别为：① 当 h 为 2～5 m 时，R 为 3 m；② 当 h 为＞5～15 m 时，R 为 4 m；③ 当 h 为＞15～30 m 时，R 为 5 m；④ 当 h 为＞30 m 时，R 为 6 m。

(3) 作业高度的计算方法及示例。

① 作业高度计算方法如下：

a. 按第三项第 4 条确定基础高度 h；

b. 按第五项第 2 条确定可能坠落范围半径 R；

c. 按第三项第 6 条确定作业高度 H。

② 示例：

例 1　如附图 2-1，其中 $h = 20$ m，$R = 5$ m，$H = 20$ m。

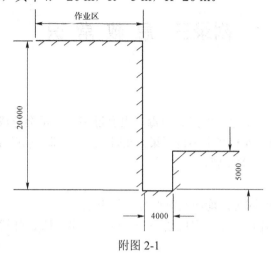

附图 2-1

例 2　如附图 2-2，其中 $h = 20$ m，$R = 5$ m，$H = 14$ m。

附图 2-2

例 3　如附图 2-3，其中 $h = 29.5$ m，$R = 5$ m，$H = 4.5$ m。

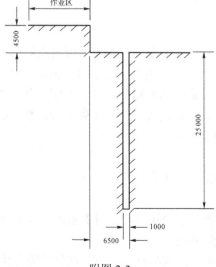

附图 2-3

附录三 急救常识

一、心肺复苏法

施工人员发生溺水、触电、窒息、中毒、失血过多时，常会造成心脏停搏。如果抢救不及时或抢救方法不当，容易产生不良后果。此时，运用心肺复苏法(包括人工呼吸法和胸外心脏按压法)抢救伤员至关重要。

急救措施如下：

(1) 任何急救开始的同时，均应及时拨打急救电话。

(2) 抢救前，施救者首先要确保现场安全，确定伤员呼吸、脉搏确实停止，然后再施行救助。

(3) 施救者先使伤员仰面平卧于坚实的平面上，然后自己的两腿自然分开，与肩同宽，跪于伤员肩与腰之间的一侧。

(4) 人工呼吸法：采取口对口人工呼吸前，如伤员口中有异物，要先清除，开放气道，再以一只手按住病人前额，另一只手的食指、中指将其下颚托起，使其头部后仰；压额手的拇指、食指捏紧病人鼻孔，吸足一口气后，用口唇紧密地包住病人的口唇，以中等力量将气吹入病人口内，不要漏气；当看到病人的胸廓扩张时停止吹气，离开病人的口唇，松开捏紧病人鼻翼的拇指和食指，同时侧转头吸入新鲜空气，二次吹气。每次吹气时间成人为 2 秒钟。

(5) 胸外心脏按压法：施救者以靠近病人的下肢手(定位手)的中指沿病人的肋缘自下而上移动至肋缘交会处(剑突)，伸出食指与中指并排，另一只手掌根置于此两指旁，再以定位手叠放于这只手的手背上，手指相扣，贴腕跷指，手指跷起勿压胸肋，以髋关节为轴用力，肘关节伸直向下压(垂直用力)，手掌下压深度为 3.5～4.5 cm，每分钟约做 100 次。

(6) 胸外心脏按压法与人工呼吸法应交替进行，心脏按压 30 次，吹气 2 次，反复做。

二、窒息

窒息是由于多种原因造成，主要是空气污染，没有良好的空气进入肺部，使血液中缺乏足够的氧气等，如煤气中毒、井下中毒。开始时，患者的唇、面、舌以及手指与足趾的末端呈现潮红色，眼球结膜发赤，脉搏微弱，极力发喘，并表现痛苦，不断发生痉挛，直至呼吸完全停止，神志昏迷，意识消失，全身发硬变冷，唇、面、指、趾以及全身皮肤变成紫色，如不及时救治，将会死亡。

急救措施如下：

(1) 将患者移至空气流通处，并给氧气；

(2) 将患者的衣服扣解开；

(3) 除去口腔及鼻腔可能阻塞的异物，并用手帕擦去分泌物；

(4) 用纸条及鸡毛等刺激鼻腔；

(5) 使用人工呼吸法持续三，四小时，至患者恢复呼吸为止。

(6) 注射强心剂，呼吸兴奋剂可用尼可刹米或山梗菜碱，必要时可用肾上腺素以兴奋心脏及血管。

(7) 静脉注射高渗葡萄糖，如 50% 葡萄糖 40～60 mL。

(8) 对昏迷患者可针刺人中、少商、卜宣、涌泉、劳宫、兑端等穴位，以速刺人中为主。

三、出血

出血是创伤后主要并发症之一，成年人出血量超过 800～1000 mL 就可引起休克，危及生命。因此，止血是抢救出血伤员的一项重要措施，它对挽救伤员生命具有特殊意义。

止血方法：

(1) 一般止血法：针对小的创口出血，需用生理盐水冲洗消毒患部，然后覆盖多层消毒纱布用绷带扎紧包扎。注意：如果患部有较多毛发，在处理时应剪、剃去毛发。

(2) 指压止血法：只适用于头面颈部及四肢的动脉出血急救，注意压迫时间不能过长。

(3) 头顶部出血：在伤侧耳前，对准下颌耳屏上前方 1.5 cm 处，用拇指压迫颞浅动脉。

(4) 头颈部出血：四个手指并拢对准颈部胸锁乳突肌中段内侧，将颈总动脉压向颈椎。注意不能同时压迫两侧颈总动脉，以免造成脑缺血坏死。压迫时间也不能太久，以免造成危险。

(5) 上臂出血：一手抬高患肢，另一手四个手指对准上臂中段内侧压迫肱动脉。

(6) 手掌出血：将患肢抬高，用两手拇指分别压迫手腕部的尺、桡动脉。

(7) 大腿出血：在腹股沟中稍下方，用双手拇指向后用力压股动脉。

(8) 足部出血：用两手拇指分别压迫足背动脉和内踝与跟腱之间胫后动脉。

(9) 屈肢加垫止血法：当前臂或小腿出血时，可在肘窝、膝窝内放以纱布垫、棉花团或毛巾、衣服等物品，屈曲关节，用三角巾作 8 字型固定。但骨折或关节脱位者不能使用。

(10) 橡皮止血带止血：常用的止血带是三尺左右长的橡皮管。使用方法是：掌心向上，止血带一端由虎口拿住，一手拉紧，绕肢体 2 圈，中、食两指将止血带的末端夹住，顺着肢体用力拉下，压住"余头"，以免滑脱。注意使用止血带要加垫，不要直接扎在皮肤上。每隔 45 分钟放松止血带 2～3 分钟，松时慢慢用指压法代替。

(11) 绞紧止血法：把三角巾折成带形，打一个活结，取一根小棒穿在带子外侧绞紧，将绞紧后的小棒插在活结小圈内固定。

(12) 填塞止血法：将消毒的纱布、棉垫、急救包填塞、压迫在创口内，外用绷带、三角巾包扎，松紧度以达到止血为宜。

四、骨折

骨折是指骨与骨小梁的连续性发生中断，骨骼的完整性遭到破坏的一种体征。外伤引起的骨折称为外伤性骨折。按皮肤是否损伤、骨折是否与外界相通等，将骨折分为开放性骨折和闭合性骨折两种。骨折的临床表现有休克肿胀、出血、疼痛、功能障碍。

外伤性骨折救治方法：

(1) 要积极抢救病人，密切观察病情的变化，注意合并损伤的治疗。如果有软组织创伤，应先进行清创处理。有出血时，要先压迫止血，包扎伤口，再将骨折固定。

(2) 上肢骨折：用两块夹板(或木板)分别在上肢内外两侧加上衬垫(棉花、衣、布)等后，用三角巾(或布条、绳子)绑好固定,再用一条长三角巾(布)将上肢前臂屈曲悬吊固定于胸前。

(3) 下肢骨折:受伤者仰卧,小腿骨折时,用长短相等的两块夹板(从脚跟到大腿中部),加衬垫后,在骨折处上下两端、膝下和大腿中部分别用布带缠紧,在外侧打结,脚部用 8 字型绷带固定,使脚与小腿成直角;如为大腿骨折,可用一块自腋窝到脚跟长的夹板放在伤肢外侧,健肢移向伤肢并列,夹板加衬垫后,用布条分段固定伤肢,腋窝和大腿上部分别围绕胸、腹部固定。脚部固定也同小腿骨折。

(4) 包扎固定后,将受伤者轻轻放在担架(或木板)上,抬送医院进行急救处理。在运送途中,要避免摇摆、振荡。

五、胸部外伤

胸部受伤,轻的只是胸壁被擦、受挫或打击,主要是胸壁痛,经过止痛、热敷、服用舒筋活血药等治疗,几天就好了,重的可能有肋骨骨折,以及由此引起的血胸或气胸,它将引起严重的呼吸困难,以至休克,甚至死亡。

急救措施:

(1) 胸部外伤时,最危险的是每当呼吸时伤口有响声(即开放性气胸)。此时应立即用铝片或塑料片密封伤口,再用胶布固定,不让空气通过。密封时,只要把伤口封严即可,覆盖物不必太大。一时找不到密封用的铝片时,可立即用手捂住,患部向下侧卧,等待救护车。

(2) 胸部发生骨折会有各种各样的情形。如相连的几根肋骨同时骨折,叫"浮动骨折"(连枷胸)。这时受伤者一定要患部向下安静地平卧。

(3) 如果胸部骨折只是裂纹,断端未错开,问题不大,只紧裹胸部即可。要是断端成叉,就要警惕,万一叉端又戳破了胸腔,甚至伤及血管和肺,那么,血积在胸腔里就成了血胸;肺破气泄,气积在胸腔里,就成了气胸,进而把心肺压迫向对侧。此时,应让患者向下平卧。若呼吸停止,则进行人工呼吸,注意保持呼吸道畅通,等待救护车。

(4) 心肺是维持生命的重要脏器,都位于胸腔,当胸部受伤时,要尽快地做急救处理,如密封伤口等,以防万一。

六、休克和失神(晕倒)

病人于短时间内出现意识模糊,全身软弱无力,面色苍白,冷汗淋漓,脉微弱,血压急剧下降,这就是休克。休克的原因很多,如身体突然受外力打击,除局部有损伤外,全身亦可发生各种不同反应,就是休克,失神等。其他如心脏病病人,因某种原因而发生心力衰竭亦可发生休克。如遇这种情况,应分别临时处理。

临时处理休克的办法:

(1) 在伤处应立刻止血;

(2) 使伤者仰卧于适当的位置上,如果面色苍白,应将头部降低,潮红则将其抬高;

(3) 将胸部衣服纽扣解开,使呼吸通畅,充分得到新鲜空气;

(4) 在症状尚未消失前,或有继续恶化的现象,不要随便移动或施行手术;

(5) 伤者有呕吐时,应使其头部偏向一侧,使呕吐物易于吐出;

(6) 应安静休息,保持温暖(温度不宜超过 21℃),再给患者盖上轻暖的薄被或毯子等;

(7) 室内空气须流通，可给姜糖水或浓茶；

(8) 摩擦皮肤，借摩擦的刺激，使患者易于恢复；

(9) 以上方法无效时，应施人工呼吸及输氧。

七、溺水

施工人员溺水后可引起窒息缺氧，出现面部青紫、肿胀、眼睛充血、口吐白沫、四肢冰凉等现象，需要紧急抢救。

急救方法：

(1) 将伤员抬出水面后，应立即清除其口、鼻腔内的水、泥及污物，用纱布(手帕)裹着手指将伤员舌头拉出口外，解开衣扣、领口，以保持呼吸道通畅，然后抱起伤员的腰腹部，使其背朝上、头下垂进行倒水。或者抱起伤员双腿，将其腹部放在急救者肩上，快步奔跑使积水倒出。或急救者取半跪位，将伤员的腹部放在急救者腿上，使其头部下垂，并用手平压背部进行倒水。

(2) 呼吸停止者应立即进行人工呼吸，一般以口对口吹气为最佳。急救者位于伤员一侧，托起伤员下颌，捏住伤员鼻孔，深吸一口气后，往伤员嘴里缓缓吹气，待其胸廓稍有抬起时，放松其鼻孔，并用一手压其胸部以助呼气。反复并有节律地(每分钟吹 16～20 次)进行，直至恢复呼吸为止。

(3) 心跳停止者应先进行胸外心脏按压。让伤员仰卧，背部垫一块硬板，头低稍后仰，急救者位于伤员一侧，面对伤员，右手掌平放在其胸骨下段，左手放在右手背上，借急救者身体重量缓缓用力，不能用力太猛，以防骨折，将胸骨压下 4 cm 左右，然后松手腕(手不离开胸骨)使胸骨复原，反复有节律地(每分钟 60～80 次)进行，直到心跳恢复为止。

八、触电与雷击

雷电的电压可达 1 亿伏，击中人体，可使人立即碳化焦黑。电闪雷鸣时，人在树下或建筑物下容易遭雷击。超过 65 V 的交流电压就会伤害人体，而高压电线落地，周围 10 m 方圆内都会使人触电。雷击和触电都可使人员当即致死，轻则致伤。对于触电者的急救必须分秒必争。发生呼吸、心跳停止的病人，这时应一面进行抢救，一面紧急联系，就近送病人去医院治疗；在转送病人去医院途中，抢救工作不能中断。

抢救方法：

(1) 发现触电关掉电闸，切断电源，然后施救。无法关断电源时，可以用木棒、竹竿等将电线挑离触电者身体。如挑不开电线或其他致触电的带电电器，应用干的绳子套住触电者拖离，使其脱离电流。救援者最好戴上橡皮手套，穿橡胶运动鞋等。切忌用手去拉触电者，不能因救人心切而忘了自身安全。

(2) 若伤者神志清醒，呼吸心跳均自主，应让伤者就地平卧，严密观察，暂时不要站立或走动，防止继发休克或心衰。

(3) 伤者丧失意识时要立即叫救护车，并尝试唤醒伤者。呼吸停止，心搏存在者，就地平卧解松衣扣，通畅气道，立即口对口人工呼吸。心搏停止，呼吸存在者，应立即作胸外心脏按压。

(4) 若发现其心跳呼吸已经停止，应立即进行口对口人工呼吸和胸外心脏按压等复苏措施(少数已证实被电死者除外)，一般抢救时间不得少于 60～90 分钟，直到使触电者恢复呼吸、心跳，或确诊已无生还希望时为止。现场抢救最好能两人分别施行口对口人工呼吸及胸外心脏按压，以 1∶5 的比例进行，即人工呼吸 1 次，心脏按压 5 次。如现场抢救仅有 1 人，用 15∶2 的比例进行胸外心脏按压和人工呼吸，即先作胸外心脏按压 15 次，再口对口人工呼吸 2 次，如此交替进行，抢救一定要坚持到底。

(5) 处理电击伤时，应注意有无其他损伤。如触电后弹离电源或自高空跌下，常并发颅脑外伤、血气胸、内脏破裂、四肢和骨盆骨折等。

(6) 现场抢救中，不要随意移动伤员，若确需移动时，抢救中断时间不应超过 30 秒。移动伤员或将其送医院，除应使伤员平躺在担架上并在背部垫以平硬阔木板外，应继续抢救，心跳呼吸停止者要继续人工呼吸和胸外心脏按压，在医院医务人员未接替前救治不能中止。

(7) 对电灼伤的伤口或创面不要用油膏或不干净的敷料包敷，而应用干净的敷料包扎，或送医院后待医生处理。

(8) 碰到闪电打雷时，要迅速到就近的建筑物内躲避。在野外无处躲避时，要将手表、眼镜等金属物品摘掉，找低洼处伏倒躲避，千万不要在大树下躲避。不要站在高墙上、树木下、电杆旁或天线附近。

九、高空坠落

施工人员从高处坠落，受到高速的冲击力，使人体组织和器官遭到一定程度破坏而引起的损伤，通常有多个系统或多个器官的损伤，严重者当场死亡。高空坠落伤除有直接或间接受伤器官表现外，尚可有昏迷、呼吸窘迫、面色苍白和表情淡漠等症状，可导致胸、腹腔内脏组织器官发生广泛的损伤。高空坠落时，足或臀部先着地，外力沿脊柱传导到颅脑而致伤；由高处仰面跌下时，背或腰部受冲击，可引起腰椎前纵韧带撕裂，椎体裂开或椎弓根骨折，易引起脊髓损伤。脑干损伤时常有较重的意识障碍、光反射消失等症状，也可有严重合并症的出现。

急救方法如下：

(1) 去除伤员身上的用具和口袋中的硬物。

(2) 在搬运和转送过程中，颈部和躯干不能前屈或扭转，而应使脊柱伸直，绝对禁止一个抬肩一个抬腿的搬法，以免发生或加重截瘫。

(3) 创伤局部妥善包扎，但对疑颅底骨折和脑脊液漏患者切忌做填塞，以免导致颅内感染。

(4) 颌面部伤员首先应保持呼吸道畅通，撤除假牙，清除移位的组织碎片、血凝块、口腔分泌物等，同时松解伤员的颈、胸部纽扣。若舌已后坠或口腔内异物无法清除时，可用 12 号粗针穿刺环甲膜，维持呼吸、尽可能早做气管切开。

(5) 复合伤要平仰卧位，保持呼吸道畅通，解开衣领扣。

(6) 周围血管伤，压迫伤部以上动脉干至骨骼。直接在伤口上放置厚敷料，绷带加压包扎以不出血和不影响肢体血循环为宜，常有效。当上述方法无效时可慎用止血带，原则上尽量缩短使用时间，一般以不超过 1 小时为宜，做好标记，注明上止血带时间。

(7) 有条件时迅速给予静脉补液，补充血容量。

(8) 快速平稳地送医院救治。

十、烧伤

(1) 尽快脱去着火或沸液浸渍的衣服(特别是化纤衣服)，以免着火衣服和衣服上的热液继续作用，使创面加大加深。

(2) 用水将火浇灭，或跳入附近水池、河沟内。

(3) 迅速卧倒后，慢慢地在地上滚动，压灭火焰。禁止伤员衣服着火时站立或奔跑呼叫，以防增加头面部烧伤后吸入性损伤。

(4) 迅速离开密闭和通风不良的现场，以免发生吸入性损伤和窒息。

(5) 用身边不易燃的材料，如毯子、雨衣、大衣、棉被等，最好是阻燃材料，迅速覆盖着火处，使与空气隔绝。

(6) 冷疗。热力烧伤后及时冷疗可防止热力继续作用于创面使其加深，并可减轻疼痛、减少渗出和水肿。因此如有条件，热力烧伤后宜尽早进行冷疗，越早效果越好。方法是将烧伤创面在自来水龙头下淋洗或浸入水中(水温以伤员能忍受为准，一般为 15～20℃，热天可在水中加冰块)，后用冷水浸湿的毛巾、纱垫等敷于创面。时间无明确限制，一般掌握到冷疗之后不再剧痛为止，多需 0.5～1 小时。冷疗一般适用于中小面积烧伤，特别是四肢的烧伤。对于大面积烧伤，冷疗并非完全禁忌，但由于大面积烧伤采用冷水浸泡，伤员多不能忍受，特别是寒冷季节。为了减轻寒冷的刺激，如无禁忌，可适当应用镇静剂，如吗啡、哌替啶等。

十一、冻伤

(1) 冻伤是因外界过于寒冷，使得人体的体温无法调节而引起的病变。处理冻伤的基本原则是：尽可能缩短身体组织受冻的时间，应在室内赶快加高温度到 37℃ 左右，严重者应有专人看护，或将受冻部位放在 35～36℃ 的水中，或将它用温湿布包裹，给病人喝些热水，必要时注射强心剂等。

(2) 冻伤发生水泡时，不要弄破，可以在上面盖有油的纱布或涂抹油剂，没有油剂时用干纱布亦可，以后再缠上绷带。轻的冻伤，局部可涂酒精、碘酒等物。如发生冻疮已化脓，可用 3％硝酸银软膏或 80％蜂蜜及 20％猪油或獾油混合膏涂布包裹之。

(3) 疲劳过度、饥饿，或身体很虚弱以及酒醉等人的身体，长时间暴露在寒冷中，会发生冻僵或冻死。病人感觉寒冷疲倦，四肢疼痛、口唇手指发青紫色，以后体温下降、呼吸微弱、脉搏细小、神志模糊、全身麻木、全身各器官机能渐失，变为僵硬，直至转入假死状态，若长时间暴露在寒冷中，便被冻死。急救的方法是搬运要绝对小心，不可上下颠簸，慢慢搬起病人，移到一间没有风而温暖的房屋内，解松或剪开病人的衣服，在各个变硬的冻伤部分，用温湿布包裹之，逐渐增加温度，以达到摄氏 30℃ 时为止。当病人四肢能屈曲及体温恢复时，可用干布将全身擦干，用毛毯或被包裹，然后抬高患肢，任他安卧。病人能够下咽时，可给予温茶或咖啡等饮剂。有条件者，可内服温通血脉的中草药，如当归四逆汤。

十二、中暑

(1) 在夏天，长时间在太阳光下工作、行路、站立或长时间在锅炉旁工作，容易发生中暑。在太阳下或高温房间里或地道工作，如果衣服过紧、空气太闷、饮水缺乏、感觉饥饿，也能发生此病。

(2) 中暑的症状是头昏、眼花、出汗、四肢无力、呼吸急迫等，严重时，就会昏倒。体温一般不上升或轻微上升，血液中食盐成分减少，蛋白过多，血液呈浓缩现象。

(3) 对中暑者的急救，应立即送到凉爽通风的地方去使他静卧休息，解开病人衣扣，能喝水的供给大量的食盐水或冷茶，同时用冷毛巾贴敷他的头部和胸部。如无其他并发症，经过三四日休息即可完全恢复。

(4) 如果中暑气绝，就要施行人工呼吸法，并请医生诊治。

(5) 一般轻中暑病人，可服人丹或十滴水；若有头痛头晕、恶心呕吐等症状者，可服中药藿香正气水(丸)。针灸治疗效果亦较好，如针刺大椎、委中、合谷或曲池、百会、人中等穴。

十三、毒蛇咬伤

不同的毒蛇分泌不同的蛇毒，有的以神经毒素为主，引起四肢肌肉瘫痪和呼吸肌麻痹；有的以心脏毒素为主，引起心肌损害和心力衰竭；有的以血毒素为主，引起凝血机制紊乱、出血和溶血。故毒蛇咬伤主要在于心肺功能的支持和凝血机制紊乱的纠正。

急救方法：

在自救的过程中，力求减少蛇毒的吸收，即在伤口上方或超过一个关节处绑扎止血带，越早越好，止血带的紧松度以压迫静脉但不影响动脉血供为准(即在结扎的远端仍可摸到动脉搏动)，若无止血带，暂以布带替代，2小时后再予松绑，如每隔15分钟放松止血带反使蛇毒吸收增快，在2小时内足以完成伤口内蛇毒的清除以及全身蛇毒的中和等治疗。用肥皂水和清水清洗伤口周围皮肤，再用温开水或0.02%高锰酸钾反复冲洗伤口，洗去粘附的蛇毒液。沿毒蛇牙痕作"十"形切口，进行冲洗和排毒。以后的措施由就近医院继续治疗。

附录四　中华人民共和国安全生产法

中华人民共和国主席令　第十三号

《全国人民代表大会常务委员会关于修改〈中华人民共和国安全生产法〉的决定》已由中华人民共和国第十二届全国人民代表大会常务委员会第十次会议于2014年8月31日通过，现予公布，自2014年12月1日起施行。

中华人民共和国主席　习近平

2014年8月31日

第一章 总 则

第一条 为了加强安全生产工作，防止和减少生产安全事故，保障人民群众生命和财产安全，促进经济社会持续健康发展，制定本法。

第二条 在中华人民共和国领域内从事生产经营活动的单位(以下统称生产经营单位)的安全生产，适用本法；有关法律、行政法规对消防安全和道路交通安全、铁路交通安全、水上交通安全、民用航空安全以及核与辐射安全、特种设备安全另有规定的，适用其规定。

第三条 安全生产工作应当以人为本，坚持安全发展，坚持安全第一、预防为主、综合治理的方针，强化和落实生产经营单位的主体责任，建立生产经营单位负责、职工参与、政府监管、行业自律和社会监督的机制。

第四条 生产经营单位必须遵守本法和其他有关安全生产的法律、法规，加强安全生产管理，建立、健全安全生产责任制和安全生产规章制度，改善安全生产条件，推进安全生产标准化建设，提高安全生产水平，确保安全生产。

第五条 生产经营单位的主要负责人对本单位的安全生产工作全面负责。

第六条 生产经营单位的从业人员有依法获得安全生产保障的权利，并应当依法履行安全生产方面的义务。

第七条 工会依法对安全生产工作进行监督。

生产经营单位的工会依法组织职工参加本单位安全生产工作的民主管理和民主监督，维护职工在安全生产方面的合法权益。生产经营单位制定或者修改有关安全生产的规章制度，应当听取工会的意见。

第八条 国务院和县级以上地方各级人民政府应当根据国民经济和社会发展规划制定安全生产规划，并组织实施。安全生产规划应当与城乡规划相衔接。

国务院和县级以上地方各级人民政府应当加强对安全生产工作的领导，支持、督促各有关部门依法履行安全生产监督管理职责，建立健全安全生产工作协调机制，及时协调、解决安全生产监督管理中存在的重大问题。

乡、镇人民政府以及街道办事处、开发区管理机构等地方人民政府的派出机关应当按照职责，加强对本行政区域内生产经营单位安全生产状况的监督检查，协助上级人民政府有关部门依法履行安全生产监督管理职责。

第九条 国务院安全生产监督管理部门依照本法，对全国安全生产工作实施综合监督管理；县级以上地方各级人民政府安全生产监督管理部门依照本法，对本行政区域内安全生产工作实施综合监督管理。

国务院有关部门依照本法和其他有关法律、行政法规的规定，在各自的职责范围内对有关行业、领域的安全生产工作实施监督管理；县级以上地方各级人民政府有关部门依照本法和其他有关法律、法规的规定，在各自的职责范围内对有关行业、领域的安全生产工作实施监督管理。

安全生产监督管理部门和对有关行业、领域的安全生产工作实施监督管理的部门，统称负有安全生产监督管理职责的部门。

第十条 国务院有关部门应当按照保障安全生产的要求，依法及时制定有关的国家标准或者行业标准，并根据科技进步和经济发展适时修订。

生产经营单位必须执行依法制定的保障安全生产的国家标准或者行业标准。

第十一条　各级人民政府及其有关部门应当采取多种形式，加强对有关安全生产的法律、法规和安全生产知识的宣传，增强全社会的安全生产意识。

第十二条　有关协会组织依照法律、行政法规和章程，为生产经营单位提供安全生产方面的信息、培训等服务，发挥自律作用，促进生产经营单位加强安全生产管理。

第十三条　依法设立的为安全生产提供技术、管理服务的机构，依照法律、行政法规和执业准则，接受生产经营单位的委托为其安全生产工作提供技术、管理服务。

生产经营单位委托前款规定的机构提供安全生产技术、管理服务的，保证安全生产的责任仍由本单位负责。

第十四条　国家实行生产安全事故责任追究制度，依照本法和有关法律、法规的规定，追究生产安全事故责任人员的法律责任。

第十五条　国家鼓励和支持安全生产科学技术研究和安全生产先进技术的推广应用，提高安全生产水平。

第十六条　国家对在改善安全生产条件、防止生产安全事故、参加抢险救护等方面取得显著成绩的单位和个人，给予奖励。

第二章　生产经营单位的安全生产保障

第十七条　生产经营单位应当具备本法和有关法律、行政法规和国家标准或者行业标准规定的安全生产条件；不具备安全生产条件的，不得从事生产经营活动。

第十八条　生产经营单位的主要负责人对本单位安全生产工作负有下列职责：

(一) 建立、健全本单位安全生产责任制；

(二) 组织制定本单位安全生产规章制度和操作规程；

(三) 组织制定并实施本单位安全生产教育和培训计划；

(四) 保证本单位安全生产投入的有效实施；

(五) 督促、检查本单位的安全生产工作，及时消除生产安全事故隐患；

(六) 组织制定并实施本单位的生产安全事故应急救援预案；

(七) 及时、如实报告生产安全事故。

第十九条　生产经营单位的安全生产责任制应当明确各岗位的责任人员、责任范围和考核标准等内容。

生产经营单位应当建立相应的机制，加强对安全生产责任制落实情况的监督考核，保证安全生产责任制的落实。

第二十条　生产经营单位应当具备的安全生产条件所必需的资金投入，由生产经营单位的决策机构、主要负责人或者个人经营的投资人予以保证，并对由于安全生产所必需的资金投入不足导致的后果承担责任。

有关生产经营单位应当按照规定提取和使用安全生产费用，专门用于改善安全生产条件。安全生产费用在成本中据实列支。安全生产费用提取、使用和监督管理的具体办法由国务院财政部门会同国务院安全生产监督管理部门征求国务院有关部门意见后制定。

第二十一条　矿山、金属冶炼、建筑施工、道路运输单位和危险物品的生产、经营、储存单位，应当设置安全生产管理机构或者配备专职安全生产管理人员。

前款规定以外的其他生产经营单位，从业人员超过一百人的，应当设置安全生产管理机构或者配备专职安全生产管理人员；从业人员在一百人以下的，应当配备专职或者兼职的安全生产管理人员。

第二十二条　生产经营单位的安全生产管理机构以及安全生产管理人员履行下列职责：

（一）组织或者参与拟订本单位安全生产规章制度、操作规程和生产安全事故应急救援预案；

（二）组织或者参与本单位安全生产教育和培训，如实记录安全生产教育和培训情况；

（三）督促落实本单位重大危险源的安全管理措施；

（四）组织或者参与本单位应急救援演练；

（五）检查本单位的安全生产状况，及时排查生产安全事故隐患，提出改进安全生产管理的建议；

（六）制止和纠正违章指挥、强令冒险作业、违反操作规程的行为；

（七）督促落实本单位安全生产整改措施。

第二十三条　生产经营单位的安全生产管理机构以及安全生产管理人员应当恪尽职守，依法履行职责。

生产经营单位作出涉及安全生产的经营决策，应当听取安全生产管理机构以及安全生产管理人员的意见。

生产经营单位不得因安全生产管理人员依法履行职责而降低其工资、福利等待遇或者解除与其订立的劳动合同。

危险物品的生产、储存单位以及矿山、金属冶炼单位的安全生产管理人员的任免，应当告知主管的负有安全生产监督管理职责的部门。

第二十四条　生产经营单位的主要负责人和安全生产管理人员必须具备与本单位所从事的生产经营活动相应的安全生产知识和管理能力。

危险物品的生产、经营、储存单位以及矿山、金属冶炼、建筑施工、道路运输单位的主要负责人和安全生产管理人员，应当由主管的负有安全生产监督管理职责的部门对其安全生产知识和管理能力考核合格。考核不得收费。

危险物品的生产、储存单位以及矿山、金属冶炼单位应当有注册安全工程师从事安全生产管理工作。鼓励其他生产经营单位聘用注册安全工程师从事安全生产管理工作。注册安全工程师按专业分类管理，具体办法由国务院人力资源和社会保障部门、国务院安全生产监督管理部门会同国务院有关部门制定。

第二十五条　生产经营单位应当对从业人员进行安全生产教育和培训，保证从业人员具备必要的安全生产知识，熟悉有关的安全生产规章制度和安全操作规程，掌握本岗位的安全操作技能，了解事故应急处理措施，知悉自身在安全生产方面的权利和义务。未经安全生产教育和培训合格的从业人员，不得上岗作业。

生产经营单位使用被派遣劳动者的，应当将被派遣劳动者纳入本单位从业人员统一管理，对被派遣劳动者进行岗位安全操作规程和安全操作技能的教育和培训。劳务派遣单位应当对被派遣劳动者进行必要的安全生产教育和培训。

生产经营单位接收中等职业学校、高等学校学生实习的，应当对实习学生进行相应的安全生产教育和培训，提供必要的劳动防护用品。学校应当协助生产经营单位对实习学生进行安全生产教育和培训。

生产经营单位应当建立安全生产教育和培训档案，如实记录安全生产教育和培训的时间、内容、参加人员以及考核结果等情况。

第二十六条　生产经营单位采用新工艺、新技术、新材料或者使用新设备，必须了解、掌握其安全技术特性，采取有效的安全防护措施，并对从业人员进行专门的安全生产教育和培训。

第二十七条　生产经营单位的特种作业人员必须按照国家有关规定经专门的安全作业培训，取得相应资格，方可上岗作业。

特种作业人员的范围由国务院安全生产监督管理部门会同国务院有关部门确定。

第二十八条　生产经营单位新建、改建、扩建工程项目(以下统称建设项目)的安全设施，必须与主体工程同时设计、同时施工、同时投入生产和使用。安全设施投资应当纳入建设项目概算。

第二十九条　矿山、金属冶炼建设项目和用于生产、储存、装卸危险物品的建设项目，应当按照国家有关规定进行安全评价。

第三十条　建设项目安全设施的设计人、设计单位应当对安全设施设计负责。

矿山、金属冶炼建设项目和用于生产、储存、装卸危险物品的建设项目的安全设施设计应当按照国家有关规定报经有关部门审查，审查部门及其负责审查的人员对审查结果负责。

第三十一条　矿山、金属冶炼建设项目和用于生产、储存、装卸危险物品的建设项目的施工单位必须按照批准的安全设施设计施工，并对安全设施的工程质量负责。

矿山、金属冶炼建设项目和用于生产、储存危险物品的建设项目竣工投入生产或者使用前，应当由建设单位负责组织对安全设施进行验收；验收合格后，方可投入生产和使用。安全生产监督管理部门应当加强对建设单位验收活动和验收结果的监督核查。

第三十二条　生产经营单位应当在有较大危险因素的生产经营场所和有关设施、设备上，设置明显的安全警示标志。

第三十三条　安全设备的设计、制造、安装、使用、检测、维修、改造和报废，应当符合国家标准或者行业标准。

生产经营单位必须对安全设备进行经常性维护、保养，并定期检测，保证正常运转。维护、保养、检测应当作好记录，并由有关人员签字。

第三十四条　生产经营单位使用的危险物品的容器、运输工具，以及涉及人身安全、危险性较大的海洋石油开采特种设备和矿山井下特种设备，必须按照国家有关规定，由专业生产单位生产，并经具有专业资质的检测、检验机构检测、检验合格，取得安全使用证或者安全标志，方可投入使用。检测、检验机构对检测、检验结果负责。

第三十五条　国家对严重危及生产安全的工艺、设备实行淘汰制度，具体目录由国务院安全生产监督管理部门会同国务院有关部门制定并公布。法律、行政法规对目录的制定另有规定的，适用其规定。

省、自治区、直辖市人民政府可以根据本地区实际情况制定并公布具体目录，对前款规定以外的危及生产安全的工艺、设备予以淘汰。

生产经营单位不得使用应当淘汰的危及生产安全的工艺、设备。

第三十六条　生产、经营、运输、储存、使用危险物品或者处置废弃危险物品的，由有关主管部门依照有关法律、法规的规定和国家标准或者行业标准审批并实施监督管理。

生产经营单位生产、经营、运输、储存、使用危险物品或者处置废弃危险物品，必须执行有关法律、法规和国家标准或者行业标准，建立专门的安全管理制度，采取可靠的安全措施，接受有关主管部门依法实施的监督管理。

第三十七条　生产经营单位对重大危险源应当登记建档，进行定期检测、评估、监控，并制定应急预案，告知从业人员和相关人员在紧急情况下应当采取的应急措施。

生产经营单位应当按照国家有关规定将本单位重大危险源及有关安全措施、应急措施报有关地方人民政府安全生产监督管理部门和有关部门备案。

第三十八条　生产经营单位应当建立健全生产安全事故隐患排查治理制度，采取技术、管理措施，及时发现并消除事故隐患。事故隐患排查治理情况应当如实记录，并向从业人员通报。

县级以上地方各级人民政府负有安全生产监督管理职责的部门应当建立健全重大事故隐患治理督办制度，督促生产经营单位消除重大事故隐患。

第三十九条　生产、经营、储存、使用危险物品的车间、商店、仓库不得与员工宿舍在同一座建筑物内，并应当与员工宿舍保持安全距离。

生产经营场所和员工宿舍应当设有符合紧急疏散要求、标志明显、保持畅通的出口。禁止锁闭、封堵生产经营场所或者员工宿舍的出口。

第四十条　生产经营单位进行爆破、吊装以及国务院安全生产监督管理部门会同国务院有关部门规定的其他危险作业，应当安排专门人员进行现场安全管理，确保操作规程的遵守和安全措施的落实。

第四十一条　生产经营单位应当教育和督促从业人员严格执行本单位的安全生产规章制度和安全操作规程；并向从业人员如实告知作业场所和工作岗位存在的危险因素、防范措施以及事故应急措施。

第四十二条　生产经营单位必须为从业人员提供符合国家标准或者行业标准的劳动防护用品，并监督、教育从业人员按照使用规则佩戴、使用。

第四十三条　生产经营单位的安全生产管理人员应当根据本单位的生产经营特点，对安全生产状况进行经常性检查；对检查中发现的安全问题，应当立即处理；不能处理的，应当及时报告本单位有关负责人，有关负责人应当及时处理。检查及处理情况应当如实记录在案。

生产经营单位的安全生产管理人员在检查中发现重大事故隐患，依照前款规定向本单位有关负责人报告，有关负责人不及时处理的，安全生产管理人员可以向主管的负有安全生产监督管理职责的部门报告，接到报告的部门应当依法及时处理。

第四十四条　生产经营单位应当安排用于配备劳动防护用品、进行安全生产培训的经费。

第四十五条　两个以上生产经营单位在同一作业区域内进行生产经营活动，可能危及对方生产安全的，应当签订安全生产管理协议，明确各自的安全生产管理职责和应当采取的安全措施，并指定专职安全生产管理人员进行安全检查与协调。

第四十六条　生产经营单位不得将生产经营项目、场所、设备发包或者出租给不具备安全生产条件或者相应资质的单位或者个人。

生产经营项目、场所发包或者出租给其他单位的，生产经营单位应当与承包单位、承租单位签订专门的安全生产管理协议，或者在承包合同、租赁合同中约定各自的安全生产管理职责；生产经营单位对承包单位、承租单位的安全生产工作统一协调、管理，定期进行安全检查，发现安全问题的，应当及时督促整改。

第四十七条　生产经营单位发生生产安全事故时，单位的主要负责人应当立即组织抢救，并不得在事故调查处理期间擅离职守。

第四十八条　生产经营单位必须依法参加工伤保险，为从业人员缴纳保险费。

国家鼓励生产经营单位投保安全生产责任保险。

第三章　从业人员的安全生产权利义务

第四十九条　生产经营单位与从业人员订立的劳动合同，应当载明有关保障从业人员劳动安全、防止职业危害的事项，以及依法为从业人员办理工伤保险的事项。

生产经营单位不得以任何形式与从业人员订立协议，免除或者减轻其对从业人员因生产安全事故伤亡依法应承担的责任。

第五十条　生产经营单位的从业人员有权了解其作业场所和工作岗位存在的危险因素、防范措施及事故应急措施，有权对本单位的安全生产工作提出建议。

第五十一条　从业人员有权对本单位安全生产工作中存在的问题提出批评、检举、控告；有权拒绝违章指挥和强令冒险作业。

生产经营单位不得因从业人员对本单位安全生产工作提出批评、检举、控告或者拒绝违章指挥、强令冒险作业而降低其工资、福利等待遇或者解除与其订立的劳动合同。

第五十二条　从业人员发现直接危及人身安全的紧急情况时，有权停止作业或者在采取可能的应急措施后撤离作业场所。

生产经营单位不得因从业人员在前款紧急情况下停止作业或者采取紧急撤离措施而降低其工资、福利等待遇或者解除与其订立的劳动合同。

第五十三条　因生产安全事故受到损害的从业人员，除依法享有工伤保险外，依照有关民事法律尚有获得赔偿的权利的，有权向本单位提出赔偿要求。

第五十四条　从业人员在作业过程中，应当严格遵守本单位的安全生产规章制度和操作规程，服从管理，正确佩戴和使用劳动防护用品。

第五十五条　从业人员应当接受安全生产教育和培训，掌握本职工作所需的安全生产知识，提高安全生产技能，增强事故预防和应急处理能力。

第五十六条　从业人员发现事故隐患或者其他不安全因素，应当立即向现场安全生产管理人员或者本单位负责人报告；接到报告的人员应当及时予以处理。

第五十七条　工会有权对建设项目的安全设施与主体工程同时设计、同时施工、同时投入生产和使用进行监督，提出意见。

工会对生产经营单位违反安全生产法律、法规，侵犯从业人员合法权益的行为，有权要求纠正；发现生产经营单位违章指挥、强令冒险作业或者发现事故隐患时，有权提出解决的建议，生产经营单位应当及时研究答复；发现危及从业人员生命安全的情况时，有权向生产经营单位建议组织从业人员撤离危险场所，生产经营单位必须立即作出处理。

工会有权依法参加事故调查，向有关部门提出处理意见，并要求追究有关人员的责任。

第五十八条　生产经营单位使用被派遣劳动者的，被派遣劳动者享有本法规定的从业人员的权利，并应当履行本法规定的从业人员的义务。

第四章　安全生产的监督管理

第五十九条　县级以上地方各级人民政府应当根据本行政区域内的安全生产状况，组织有关部门按照职责分工，对本行政区域内容易发生重大生产安全事故的生产经营单位进行严格检查。

安全生产监督管理部门应当按照分类分级监督管理的要求，制定安全生产年度监督检查计划，并按照年度监督检查计划进行监督检查，发现事故隐患，应当及时处理。

第六十条　负有安全生产监督管理职责的部门依照有关法律、法规的规定，对涉及安全生产的事项需要审查批准(包括批准、核准、许可、注册、认证、颁发证照等，下同)或者验收的，必须严格依照有关法律、法规和国家标准或者行业标准规定的安全生产条件和程序进行审查；不符合有关法律、法规和国家标准或者行业标准规定的安全生产条件的，不得批准或者验收通过。对未依法取得批准或者验收合格的单位擅自从事有关活动的，负责行政审批的部门发现或者接到举报后应当立即予以取缔，并依法予以处理。对已经依法取得批准的单位，负责行政审批的部门发现其不再具备安全生产条件的，应当撤销原批准。

第六十一条　负有安全生产监督管理职责的部门对涉及安全生产的事项进行审查、验收，不得收取费用；不得要求接受审查、验收的单位购买其指定品牌或者指定生产、销售单位的安全设备、器材或者其他产品。

第六十二条　安全生产监督管理部门和其他负有安全生产监督管理职责的部门依法开展安全生产行政执法工作，对生产经营单位执行有关安全生产的法律、法规和国家标准或者行业标准的情况进行监督检查，行使以下职权：

(一) 进入生产经营单位进行检查，调阅有关资料，向有关单位和人员了解情况；

(二) 对检查中发现的安全生产违法行为，当场予以纠正或者要求限期改正；对依法应当给予行政处罚的行为，依照本法和其他有关法律、行政法规的规定做出行政处罚决定；

(三) 对检查中发现的事故隐患，应当责令立即排除；重大事故隐患排除前或者排除过程中无法保证安全的，应当责令从危险区域内撤出作业人员，责令暂时停产停业或者停止使用相关设施、设备；重大事故隐患排除后，经审查同意，方可恢复生产经营和使用；

(四) 对有根据认为不符合保障安全生产的国家标准或者行业标准的设施、设备、器材以及违法生产、储存、使用、经营、运输的危险物品予以查封或者扣押，对违法生产、储存、使用、经营危险物品的作业场所予以查封，并依法作出处理决定。

监督检查不得影响被检查单位的正常生产经营活动。

第六十三条　生产经营单位对负有安全生产监督管理职责的部门的监督检查人员(以下统称安全生产监督检查人员)依法履行监督检查职责，应当予以配合，不得拒绝、阻挠。

第六十四条　安全生产监督检查人员应当忠于职守，坚持原则，秉公执法。

安全生产监督检查人员执行监督检查任务时，必须出示有效的监督执法证件；对涉及被检查单位的技术秘密和业务秘密，应当为其保密。

第六十五条　安全生产监督检查人员应当将检查的时间、地点、内容、发现的问题及其处理情况，作出书面记录，并由检查人员和被检查单位的负责人签字；被检查单位的负责人拒绝签字的，检查人员应当将情况记录在案，并向负有安全生产监督管理职责的部门报告。

第六十六条　负有安全生产监督管理职责的部门在监督检查中，应当互相配合，实行联合检查；确需分别进行检查的，应当互通情况，发现存在的安全问题应当由其他有关部门进行处理的，应当及时移送其他有关部门并形成记录备查，接受移送的部门应当及时进行处理。

第六十七条　负有安全生产监督管理职责的部门依法对存在重大事故隐患的生产经营单位作出停产停业、停止施工、停止使用相关设施或者设备的决定，生产经营单位应当依法执行，及时消除事故隐患。生产经营单位拒不执行，有发生生产安全事故的现实危险的，在保证安全的前提下，经本部门主要负责人批准，负有安全生产监督管理职责的部门可以采取通知有关单位停止供电、停止供应民用爆炸物品等措施，强制生产经营单位履行决定。通知应当采用书面形式，有关单位应当予以配合。

负有安全生产监督管理职责的部门依照前款规定采取停止供电措施，除有危及生产安全的紧急情形外，应当提前二十四小时通知生产经营单位。生产经营单位依法履行行政决定、采取相应措施消除事故隐患的，负有安全生产监督管理职责的部门应当及时解除前款规定的措施。

第六十八条　监察机关依照行政监察法的规定，对负有安全生产监督管理职责的部门及其工作人员履行安全生产监督管理职责实施监察。

第六十九条　承担安全评价、认证、检测、检验的机构应当具备国家规定的资质条件，并对其作出的安全评价、认证、检测、检验的结果负责。

第七十条　负有安全生产监督管理职责的部门应当建立举报制度，公开举报电话、信箱或者电子邮件地址，受理有关安全生产的举报；受理的举报事项经调查核实后，应当形成书面材料；需要落实整改措施的，报经有关负责人签字并督促落实。

第七十一条　任何单位或者个人对事故隐患或者安全生产违法行为，均有权向负有安全生产监督管理职责的部门报告或者举报。

第七十二条　居民委员会、村民委员会发现其所在区域内的生产经营单位存在事故隐患或者安全生产违法行为时，应当向当地人民政府或者有关部门报告。

第七十三条　县级以上各级人民政府及其有关部门对报告重大事故隐患或者举报安全生产违法行为的有功人员，给予奖励。具体奖励办法由国务院安全生产监督管理部门会同国务院财政部门制定。

第七十四条　新闻、出版、广播、电影、电视等单位有进行安全生产公益宣传教育的义务，有对违反安全生产法律、法规的行为进行舆论监督的权利。

第七十五条　负有安全生产监督管理职责的部门应当建立安全生产违法行为信息库，如实记录生产经营单位的安全生产违法行为信息；对违法行为情节严重的生产经营单位，应当向社会公告，并通报行业主管部门、投资主管部门、国土资源主管部门、证券监督管理机构以及有关金融机构。

第五章　生产安全事故的应急救援与调查处理

第七十六条　国家加强生产安全事故应急能力建设，在重点行业、领域建立应急救援基地和应急救援队伍，鼓励生产经营单位和其他社会力量建立应急救援队伍，配备相应的应急救援装备和物资，提高应急救援的专业化水平。

国务院安全生产监督管理部门建立全国统一的生产安全事故应急救援信息系统，国务院有关部门建立健全相关行业、领域的生产安全事故应急救援信息系统。

第七十七条　县级以上地方各级人民政府应当组织有关部门制定本行政区域内生产安全事故应急救援预案，建立应急救援体系。

第七十八条　生产经营单位应当制定本单位生产安全事故应急救援预案，与所在地县级以上地方人民政府组织制定的生产安全事故应急救援预案相衔接，并定期组织演练。

第七十九条　危险物品的生产、经营、储存单位以及矿山、金属冶炼、城市轨道交通运营、建筑施工单位应当建立应急救援组织；生产经营规模较小的，可以不建立应急救援组织，但应当指定兼职的应急救援人员。

危险物品的生产、经营、储存、运输单位以及矿山、金属冶炼、城市轨道交通运营、建筑施工单位应当配备必要的应急救援器材、设备和物资，并进行经常性维护、保养，保证正常运转。

第八十条　生产经营单位发生生产安全事故后，事故现场有关人员应当立即报告本单位负责人。

单位负责人接到事故报告后，应当迅速采取有效措施，组织抢救，防止事故扩大，减少人员伤亡和财产损失，并按照国家有关规定立即如实报告当地负有安全生产监督管理职责的部门，不得隐瞒不报、谎报或者迟报，不得故意破坏事故现场、毁灭有关证据。

第八十一条　负有安全生产监督管理职责的部门接到事故报告后，应当立即按照国家有关规定上报事故情况。负有安全生产监督管理职责的部门和有关地方人民政府对事故情况不得隐瞒不报、谎报或者迟报。

第八十二条　有关地方人民政府和负有安全生产监督管理职责的部门的负责人接到生产安全事故报告后，应当按照生产安全事故应急救援预案的要求立即赶到事故现场，组织事故抢救。

参与事故抢救的部门和单位应当服从统一指挥，加强协同联动，采取有效的应急救援措施，并根据事故救援的需要采取警戒、疏散等措施，防止事故扩大和次生灾害的发生，减少人员伤亡和财产损失。

事故抢救过程中应当采取必要措施，避免或者减少对环境造成的危害。

任何单位和个人都应当支持、配合事故抢救，并提供一切便利条件。

第八十三条　事故调查处理应当按照科学严谨、依法依规、实事求是、注重实效的原则，及时、准确地查清事故原因，查明事故性质和责任，总结事故教训，提出整改措施，并对事故责任者提出处理意见。事故调查报告应当依法及时向社会公布。事故调查和处理的具体办法由国务院制定。

事故发生单位应当及时全面落实整改措施，负有安全生产监督管理职责的部门应当加强监督检查。

第八十四条　生产经营单位发生生产安全事故，经调查确定为责任事故的，除了应当查明事故单位的责任并依法予以追究外，还应当查明对安全生产的有关事项负有审查批准和监督职责的行政部门的责任，对有失职、渎职行为的，依照本法第八十七条的规定追究法律责任。

第八十五条　任何单位和个人不得阻挠和干涉对事故的依法调查处理。

第八十六条　县级以上地方各级人民政府安全生产监督管理部门应当定期统计分析

本行政区域内发生生产安全事故的情况，并定期向社会公布。

第六章　法　律　责　任

第八十七条　负有安全生产监督管理职责的部门的工作人员，有下列行为之一的，给予降级或者撤职的处分；构成犯罪的，依照刑法有关规定追究刑事责任：

（一）对不符合法定安全生产条件的涉及安全生产的事项予以批准或者验收通过的；

（二）发现未依法取得批准、验收的单位擅自从事有关活动或者接到举报后不予取缔或者不依法予以处理的；

（三）对已经依法取得批准的单位不履行监督管理职责，发现其不再具备安全生产条件而不撤销原批准或者发现安全生产违法行为不予查处的；

（四）在监督检查中发现重大事故隐患，不依法及时处理的。

负有安全生产监督管理职责的部门的工作人员有前款规定以外的滥用职权、玩忽职守、徇私舞弊行为的，依法给予处分；构成犯罪的，依照刑法有关规定追究刑事责任。

第八十八条　负有安全生产监督管理职责的部门，要求被审查、验收的单位购买其指定的安全设备、器材或者其他产品的，在对安全生产事项的审查、验收中收取费用的，由其上级机关或者监察机关责令改正，责令退还收取的费用；情节严重的，对直接负责的主管人员和其他直接责任人员依法给予处分。

第八十九条　承担安全评价、认证、检测、检验工作的机构，出具虚假证明的，没收违法所得；违法所得在十万元以上的，并处违法所得二倍以上五倍以下的罚款；没有违法所得或者违法所得不足十万元的，单处或者并处十万元以上二十万元以下的罚款；对其直接负责的主管人员和其他直接责任人员处二万元以上五万元以下的罚款；给他人造成损害的，与生产经营单位承担连带赔偿责任；构成犯罪的，依照刑法有关规定追究刑事责任。

对有前款违法行为的机构，吊销其相应资质。

第九十条　生产经营单位的决策机构、主要负责人或者个人经营的投资人不依照本法规定保证安全生产所必需的资金投入，致使生产经营单位不具备安全生产条件的，责令限期改正，提供必需的资金；逾期未改正的，责令生产经营单位停产停业整顿。

有前款违法行为，导致发生生产安全事故的，对生产经营单位的主要负责人给予撤职处分，对个人经营的投资人处二万元以上二十万元以下的罚款；构成犯罪的，依照刑法有关规定追究刑事责任。

第九十一条　生产经营单位的主要负责人未履行本法规定的安全生产管理职责的，责令限期改正；逾期未改正的，处二万元以上五万元以下的罚款，责令生产经营单位停产停业整顿。

生产经营单位的主要负责人有前款违法行为，导致发生生产安全事故的，给予撤职处分；构成犯罪的，依照刑法有关规定追究刑事责任。

生产经营单位的主要负责人依照前款规定受刑事处罚或者撤职处分的，自刑罚执行完毕或者受处分之日起，五年内不得担任任何生产经营单位的主要负责人；对重大、特别重大生产安全事故负有责任的，终身不得担任本行业生产经营单位的主要负责人。

第九十二条　生产经营单位的主要负责人未履行本法规定的安全生产管理职责，导致发生生产安全事故的，由安全生产监督管理部门依照下列规定处以罚款：

（一）发生一般事故的，处上一年年收入百分之三十的罚款；

（二）发生较大事故的，处上一年年收入百分之四十的罚款；

（三）发生重大事故的，处上一年年收入百分之六十的罚款；

（四）发生特别重大事故的，处上一年年收入百分之八十的罚款。

第九十三条　生产经营单位的安全生产管理人员未履行本法规定的安全生产管理职责的，责令限期改正；导致发生生产安全事故的，暂停或者撤销其与安全生产有关的资格；构成犯罪的，依照刑法有关规定追究刑事责任。

第九十四条　生产经营单位有下列行为之一的，责令限期改正，可以处五万元以下的罚款；逾期未改正的，责令停产停业整顿，并处五万元以上十万元以下的罚款，对其直接负责的主管人员和其他直接责任人员处一万元以上二万元以下的罚款：

（一）未按照规定设置安全生产管理机构或者配备安全生产管理人员的；

（二）危险物品的生产、经营、储存单位以及矿山、金属冶炼、建筑施工、道路运输单位的主要负责人和安全生产管理人员未按照规定经考核合格的；

（三）未按照规定对从业人员、被派遣劳动者、实习学生进行安全生产教育和培训，或者未按照规定如实告知有关的安全生产事项的；

（四）未如实记录安全生产教育和培训情况的；

（五）未将事故隐患排查治理情况如实记录或者未向从业人员通报的；

（六）未按照规定制定生产安全事故应急救援预案或者未定期组织演练的；

（七）特种作业人员未按照规定经专门的安全作业培训并取得相应资格，上岗作业的。

第九十五条　生产经营单位有下列行为之一的，责令停止建设或者停产停业整顿，限期改正；逾期未改正的，处五十万元以上一百万元以下的罚款，对其直接负责的主管人员和其他直接责任人员处二万元以上五万元以下的罚款；构成犯罪的，依照刑法有关规定追究刑事责任：

（一）未按照规定对矿山、金属冶炼建设项目或者用于生产、储存、装卸危险物品的建设项目进行安全评价的；

（二）矿山、金属冶炼建设项目或者用于生产、储存、装卸危险物品的建设项目没有安全设施设计或者安全设施设计未按照规定报经有关部门审查同意的；

（三）矿山、金属冶炼建设项目或者用于生产、储存、装卸危险物品的建设项目的施工单位未按照批准的安全设施设计施工的；

（四）矿山、金属冶炼建设项目或者用于生产、储存危险物品的建设项目竣工投入生产或者使用前，安全设施未经验收合格的。

第九十六条　生产经营单位有下列行为之一的，责令限期改正，可以处五万元以下的罚款；逾期未改正的，处五万元以上二十万元以下的罚款，对其直接负责的主管人员和其他直接责任人员处一万元以上二万元以下的罚款；情节严重的，责令停产停业整顿；构成犯罪的，依照刑法有关规定追究刑事责任：

（一）未在有较大危险因素的生产经营场所和有关设施、设备上设置明显的安全警示标志的；

（二）安全设备的安装、使用、检测、改造和报废不符合国家标准或者行业标准的；

（三）未对安全设备进行经常性维护、保养和定期检测的；

(四) 未为从业人员提供符合国家标准或者行业标准的劳动防护用品的；

(五) 危险物品的容器、运输工具，以及涉及人身安全、危险性较大的海洋石油开采特种设备和矿山井下特种设备未经具有专业资质的机构检测、检验合格，取得安全使用证或者安全标志，投入使用的；

(六) 使用应当淘汰的危及生产安全的工艺、设备的。

第九十七条　未经依法批准，擅自生产、经营、运输、储存、使用危险物品或者处置废弃危险物品的，依照有关危险物品安全管理的法律、行政法规的规定予以处罚；构成犯罪的，依照刑法有关规定追究刑事责任。

第九十八条　生产经营单位有下列行为之一的，责令限期改正，可以处十万元以下的罚款；逾期未改正的，责令停产停业整顿，并处十万元以上二十万元以下的罚款，对其直接负责的主管人员和其他直接责任人员处二万元以上五万元以下的罚款；构成犯罪的，依照刑法有关规定追究刑事责任：

(一) 生产、经营、运输、储存、使用危险物品或者处置废弃危险物品，未建立专门安全管理制度、未采取可靠的安全措施的；

(二) 对重大危险源未登记建档，或者未进行评估、监控，或者未制定应急预案的；

(三) 进行爆破、吊装以及国务院安全生产监督管理部门会同国务院有关部门规定的其他危险作业，未安排专门人员进行现场安全管理的；

(四) 未建立事故隐患排查治理制度的。

第九十九条　生产经营单位未采取措施消除事故隐患的，责令立即消除或者限期消除；生产经营单位拒不执行的，责令停产停业整顿，并处十万元以上五十万元以下的罚款，对其直接负责的主管人员和其他直接责任人员处二万元以上五万元以下的罚款。

第一百条　生产经营单位将生产经营项目、场所、设备发包或者出租给不具备安全生产条件或者相应资质的单位或者个人的，责令限期改正，没收违法所得；违法所得十万元以上的，并处违法所得二倍以上五倍以下的罚款；没有违法所得或者违法所得不足十万元的，单处或者并处十万元以上二十万元以下的罚款；对其直接负责的主管人员和其他直接责任人员处一万元以上二万元以下的罚款；导致发生生产安全事故给他人造成损害的，与承包方、承租方承担连带赔偿责任。

生产经营单位未与承包单位、承租单位签订专门的安全生产管理协议或者未在承包合同、租赁合同中明确各自的安全生产管理职责，或者未对承包单位、承租单位的安全生产统一协调、管理的，责令限期改正，可以处五万元以下的罚款，对其直接负责的主管人员和其他直接责任人员可以处一万元以下的罚款；逾期未改正的，责令停产停业整顿。

第一百零一条　两个以上生产经营单位在同一作业区域内进行可能危及对方安全生产的生产经营活动，未签订安全生产管理协议或者未指定专职安全生产管理人员进行安全检查与协调的，责令限期改正，可以处五万元以下的罚款，对其直接负责的主管人员和其他直接责任人员可以处一万元以下的罚款；逾期未改正的，责令停产停业。

第一百零二条　生产经营单位有下列行为之一的，责令限期改正，可以处五万元以下的罚款，对其直接负责的主管人员和其他直接责任人员可以处一万元以下的罚款；逾期未改正的，责令停产停业整顿；构成犯罪的，依照刑法有关规定追究刑事责任：

（一）生产、经营、储存、使用危险物品的车间、商店、仓库与员工宿舍在同一座建筑内，或者与员工宿舍的距离不符合安全要求的；

（二）生产经营场所和员工宿舍未设有符合紧急疏散需要、标志明显、保持畅通的出口，或者锁闭、封堵生产经营场所或者员工宿舍出口的。

第一百零三条　生产经营单位与从业人员订立协议，免除或者减轻其对从业人员因生产安全事故伤亡依法应承担的责任的，该协议无效；对生产经营单位的主要负责人、个人经营的投资人处二万元以上十万元以下的罚款。

第一百零四条　生产经营单位的从业人员不服从管理，违反安全生产规章制度或者操作规程的，由生产经营单位给予批评教育，依照有关规章制度给予处分；构成犯罪的，依照刑法有关规定追究刑事责任。

第一百零五条　违反本法规定，生产经营单位拒绝、阻碍负有安全生产监督管理职责的部门依法实施监督检查的，责令改正；拒不改正的，处二万元以上二十万元以下的罚款；对其直接负责的主管人员和其他直接责任人员处一万元以上二万元以下的罚款；构成犯罪的，依照刑法有关规定追究刑事责任。

第一百零六条　生产经营单位的主要负责人在本单位发生生产安全事故时，不立即组织抢救或者在事故调查处理期间擅离职守或者逃匿的，给予降级、撤职的处分，并由安全生产监督管理部门处上一年年收入百分之六十至百分之一百的罚款；对逃匿的处十五日以下拘留；构成犯罪的，依照刑法有关规定追究刑事责任。

生产经营单位的主要负责人对生产安全事故隐瞒不报、谎报或者迟报的，依照前款规定处罚。

第一百零七条　有关地方人民政府、负有安全生产监督管理职责的部门，对生产安全事故隐瞒不报、谎报或者迟报的，对直接负责的主管人员和其他直接责任人员依法给予处分；构成犯罪的，依照刑法有关规定追究刑事责任。

第一百零八条　生产经营单位不具备本法和其他有关法律、行政法规和国家标准或者行业标准规定的安全生产条件，经停产停业整顿仍不具备安全生产条件的，予以关闭；有关部门应当依法吊销其有关证照。

第一百零九条　发生生产安全事故，对负有责任的生产经营单位除要求其依法承担相应的赔偿等责任外，由安全生产监督管理部门依照下列规定处以罚款：

（一）发生一般事故的，处二十万元以上五十万元以下的罚款；

（二）发生较大事故的，处五十万元以上一百万元以下的罚款；

（三）发生重大事故的，处一百万元以上五百万元以下的罚款；

（四）发生特别重大事故的，处五百万元以上一千万元以下的罚款；情节特别严重的，处一千万元以上二千万元以下的罚款。

第一百一十条　本法规定的行政处罚，由安全生产监督管理部门和其他负有安全生产监督管理职责的部门按照职责分工决定。予以关闭的行政处罚由负有安全生产监督管理职责的部门报请县级以上人民政府按照国务院规定的权限决定；给予拘留的行政处罚由公安机关依照治安管理处罚法的规定决定。

第一百一十一条　生产经营单位发生生产安全事故造成人员伤亡、他人财产损失的，应当依法承担赔偿责任；拒不承担或者其负责人逃匿的，由人民法院依法强制执行。

生产安全事故的责任人未依法承担赔偿责任，经人民法院依法采取执行措施后，仍不能对受害人给予足额赔偿的，应当继续履行赔偿义务；受害人发现责任人有其他财产的，可以随时请求人民法院执行。

第七章　附　　则

第一百一十二条　本法下列用语的含义：

危险物品，是指易燃易爆物品、危险化学品、放射性物品等能够危及人身安全和财产安全的物品。

重大危险源，是指长期地或者临时地生产、搬运、使用或者储存危险物品，且危险物品的数量等于或者超过临界量的单元(包括场所和设施)。

第一百一十三条　本法规定的生产安全一般事故、较大事故、重大事故、特别重大事故的划分标准由国务院规定。

国务院安全生产监督管理部门和其他负有安全生产监督管理职责的部门应当根据各自的职责分工，制定相关行业、领域重大事故隐患的判定标准。

第一百一十四条　本法自 2002 年 11 月 1 日起施行。

附录五　建设工程安全生产管理条例

中华人民共和国国务院令　第 393 号

《建设工程安全生产管理条例》已经 2003 年 11 月 12 日国务院第 28 次常务会议通过，现予公布，自 2004 年 2 月 1 日起施行。

总理　温家宝

2003 年 11 月 24 日

第一章　总　　则

第一条　为了加强建设工程安全生产监督管理，保障人民群众生命和财产安全，根据《中华人民共和国建筑法》、《中华人民共和国生产法》，制定本条例。

第二条　在中华人民共和国境内从事建设工程的新建、扩建、改建和拆除等有关活动及实施对建设工程安全生产的监督管理，必须遵守本条例。

本条例所称建设工程，是指土木工程、建筑工程、线路管道和设备安装工程及装修工程。

第三条　建设工程安全生产管理，坚持安全第一、预防为主的方针。

第四条　建设单位、勘察单位、设计单位、施工单位、工程监理单位及其他与建设工程安全生产有关的单位，必须遵守安全生产法律、法规的规定，保证建设工程安全生产，依法承担建设工程安全生产责任。

　　第五条　　国家鼓励建设工程安全生产的科学技术研究和先进技术的推广应用，推进建设工程安全生产的科学管理。

第二章　建设单位的安全责任

　　第六条　　建设单位应当向施工单位提供施工现场及毗邻区域内供水、排水、供电、供气、供热、通信、广播电视等地下管线资料，气象和水文观测资料，相邻建筑物和构筑物、地下工程的有关资料，并保证资料的真实、准确、完整。

　　建设单位因建设工程需要，向部门或者单位查询前款规定的资料时，有关部门或者单位应当及时提供。

　　第七条　　建设单位不得对勘察、设计、施工、工程监理等单位提出不符合建设工程安全生产法律、法规和强制性标准规定的要求，不得压缩合同约定的工期。

　　第八条　　建设单位在编制工程概算时，应当确定建设工程安全作业环境及安全施工措施所需费用。

　　第九条　　建设单位不得明示或者暗示施工单位购买、租赁、使用不符合安全施工要求的安全防护用具、机械设备、施工机具及配件、消防设施和器材。

　　第十条　　建设单位在申请领取施工许可证时，应当提供建设工程有关安全施工措施的资料。

　　依法批准开工报告的建设工程，建设单位应当自开工报告批准之日起 15 日内，将保证安全施工的措施报送建设工程所在地的县级以上地方人民政府建设行政主管部门或者其他有关部门备案。

　　第十一条　　建设单位应当将拆除工程发包给具有相应资质等级的施工单位。

　　建设单位应当在拆除工程施工 15 日前，将下列资料报送建设工程所在地的县级以上地方人民政府建设行政主管部门或者其他有关部门备案：

　　(一) 施工单位资质等级证明；

　　(二) 拟拆除建筑物、构筑物及可能危及毗邻建筑的说明；

　　(三) 拆除施工组织方案；

　　(四) 堆放、清除废弃物的措施。

　　实施爆破作业的，应当遵守国家有关民用爆炸物品管理的规定。

第三章　勘察、设计、工程监理及其他有关单位的安全责任

　　第十二条　　勘察单位应当按照法律、法规和工程建设强制性标准进行勘察，提供的勘察文件应当真实、准确，满足建设工程安全生产的需要。

　　勘察单位在勘察作业时，应当严格执行操作规程，采取措施保证各类管线、设施和周边建筑物、构筑物的安全。

　　第十三条　　设计单位应当按照法律、法规和工程建设强制性标准进行设计，防止因设计不合理导致生产安全事故的发生。

　　设计单位应当考虑施工安全操作和防护的需要，对涉及施工安全的重点部位和环节在设计文件中注明，并对防范生产安全事故提出指导意见。

　　采用新结构、新材料、新工艺的建设工程和特殊结构的建设工程，设计单位应当在设

计中提出保障施工作业人员安全和预防生产安全事故的措施建议。

设计单位和注册建筑师等注册执业人员应当对其设计负责。

第十四条　工程监理单位应当审查施工组织设计中的安全技术措施或者专项施工方案是否符合工程建设强制性标准。

工程监理单位在实施监理过程中，发现存在安全事故隐患的，应当要求施工单位整改；情况严重的，应当要求施工单位暂时停止施工，并及时报告建设单位。施工单位拒不整改或者不停止施工的，工程监理单位应当及时向有关主管部门报告。

工程监理单位和监理工程师应当按照法律、法规和工程建设强制性标准实施监理，并对建设工程安全生产承担监理责任。

第十五条　为建设工程提供机械设备和配件的单位，应当按照安全施工的要求配备齐全有效的保险、限位等安全设施和装置。

第十六条　出租的机械设备和施工机具及配件，应当具有生产(制造)许可证、产品合格证。

出租单位应当对出租的机械设备和施工机具及配件的安全性能进行检测，在签订租赁协议时，应当出具检测合格证明。

禁止出租检测不合格的机械设备和施工机具及配件。

第十七条　在施工现场安装、拆卸施工起重机械和整体提升脚手架、模板等自升式架设设施，必须由具有相应资质的单位承担。

安装、拆卸施工起重机械和整体提升脚手架、模板等自升式架设设施，应当编制拆装方案、制定安全施工措施，并由专业技术人员现场监督。

施工起重机械和整体提升脚手架、模板等自升式架设设施安装完毕后，安装单位应当自检，出具自检合格证明，并向施工单位进行安全使用说明，办理验收手续并签字。

第十八条　施工起重机械和整体提升脚手架、模板等自升式架设设施的使用达到国家规定的检验检测期限的，必须经具有专业资质的检验检测机构检测。经检测不合格的，不得继续使用。

第十九条　检验检测机构对检测合格的施工起重机械和整体提升脚手架、模板等自升式架设设施，应当出具安全合格证明文件，并对检测结果负责。

第四章　施工单位的安全责任

第二十条　施工单位从事建设工程的新建、扩建、改建和拆除等活动，应当具备国家规定的注册资本、专业技术人员、技术装备和安全生产等条件，依法取得相应等级的资质证书，开在其资质等级许可的范围内承揽工程。

第二十一条　施工单位主要负责人依法对本单位的安全生产工作全面负责。施工单位应当建立健全安全生产责任制度和安全生产教育培训制度，制定安全生产规章制度和操作规程，保证本单位安全生产条件所需资金的投入，对所承担的建设工程进行定期和专项安全检查，并做好安全检查记录。

施工单位的项目负责人应当由取得相应执业资格的人员担任，对建设工程项目的安全施工负责，落实安全生产责任制度、安全生产规章制度和操作规程，确保安全生产费用的有效使用，并根据工程的特点组织制定安全施工措施，消除安全事故隐患，及时、如实报告生产安全事故。

第二十二条　施工单位对列入建设工程概算的安全作业环境及安全施工措施所需费用，应当用于施工安全防护用具及设施的采购和更新、安全施工措施的落实、安全生产条件的改善，不得挪作他用。

第二十三条　施工单位应当设立安全生产管理机构，配备专职安全生产管理人员。

专职安全生产管理人员负责对安全生产进行现场监督检查。发现安全事故隐患，应当及时向项目负责人和安全生产管理机构报告；对违章指挥、违章操作的，应当立即制止。

专职安全生产管理人员的配备办法由国务院建设行政主管部门会同国务院其他有关部门制定。

第二十四条　建设工程实行施工总承包的，由总承包单位对施工现场的安全生产负总责。

总承包单位应当自行完成建设工程主体结构的施工。

总承包单位依法将建设工程分包给其他单位的，分包合同中应当明确各自的安全生产方面的权利、义务。总承包单位和分包单位对分包工程的安全生产承担连带责任。

分包单位应当服从总承包单位的安全生产管理，分包单位不服从管理导致生产安全事故的，由分包单位承担主要责任。

第二十五条　垂直运输机械作业人员、安装拆卸工、爆破作业人员、起重信号工、登高架设作业人员等特种作业人员，必须按照国家有关规定经过专门的安全作业培训，并取得特种作业操作资格证书后，方可上岗作业。

第二十六条　施工单位应当在施工组织设计中编制安全技术措施和施工现场临时用电方案，对下列达到一定规模的危险性较大的分部分项工程编制专项施工方案，并附具安全验算结果，经施工单位技术负责人、总监理工程师签字后实施，由专职安全生产管理人员进行现场监督：

（一）基坑支护与降水工程；

（二）土方开挖工程；

（三）模板工程；

（四）起重吊装工程；

（五）脚手架工程；

（六）拆除、爆破工程；

（七）国务院建设行政主管部门或者其他有关部门规定的其他危险性较大的工程。

对前款所列工程中涉及深基坑、地下暗挖工程、高大模板工程的专项施工方案，施工单位还应当组织专家进行论证、审查。

本条第一款规定的达到一定规模的危险性较大工程的标准，由国务院建设行政主管部门会同国务院其他有关部门制定。

第二十七条　建设工程施工前，施工单位负责项目管理的技术人员应当对有关安全施工的技术要求向施工作业班组、作业人员作出详细说明，并由双方签字确认。

第二十八条　施工单位应当在施工现场入口处、施工起重机械、临时用电设施、脚手架、出入通道口、楼梯口、电梯井口、孔洞口、桥梁口、隧道口、基坑边沿、爆破物及有害危险气体和液体存放处等危险部位，设置明显的安全警示标志。安全警示标志必须符合国家标准。

施工单位应当根据不同施工阶段和周围环境及季节、气候的变化，在施工现场采取相应的安全施工措施。施工现场暂时停止施工的，施工单位应当做好现场防护，所需费用由责任方承担，或者按照合同约定执行。

第二十九条　施工单位应当将施工现场的办公、生活区与作业区分开设置，并保持安全距离；办公、生活区的选址应当符合安全性要求。职工的膳食、饮水、休息场所等应当符合卫生标准。施工单位不得在尚未竣工的建筑物内设置员工集体宿舍。

施工现场临时搭建的建筑物应当符合安全使用要求。施工现场使用的装配式活动房屋应当具有产品合格证。

第三十条　施工单位对因建设工程施工可能造成损害的毗邻建筑物、构筑物和地下管线等，应当采取专项防护措施。

施工单位应当遵守有关环境保护法律、法规的规定，在施工现场采取措施，防止或者减少粉尘、废气、废水、固体废物、噪声、振动和施工照明对人和环境的危害和污染。

在城市市区内的建设工程，施工单位应当对施工现场实行封闭围挡。

第三十一条　施工单位应当在施工现场建立消防安全责任制度，确定消防安全责任人，制定用火、用电、使用易燃易爆材料等各项消防安全管理制度和操作规程，设置消防通道、消防水源，配备消防设施和灭火器材，并在施工现场入口处设置明显标志。

第三十二条　施工单位应当向作业人员提供安全防护用具和安全防护服装，并书面告知危险岗位的操作规程和违章操作的危害。

作业人员有权对施工现场的作业条件、作业程序和作业方式中存在的安全问题提出批评、检举和控告，有权拒绝违章指挥和强令冒险作业。

在施工中发生危及人身安全的紧急情况时，作业人员有权立即停止作业或者在采取必要的应急措施后撤离危险区域。

第三十三条　作业人员应当遵守安全施工的强制性标准、规章制度和操作规程，正确使用安全防护用具、机械设备等。

第三十四条　施工单位采购、租赁的安全防护用具、机械设备、施工机具及配件，应当具有生产(制造)许可证、产品合格证，并在进入施工现场前进行查验。

施工现场的安全防护用具、机械设备、施工机具及配件必须由专人管理，定期进行检查、维修和保养，建立相应的资料档案，并按照国家有关规定及时报废。

第三十五条　施工单位在使用施工起重机械和整体提升脚手架、模板等自升式架设设施前，应当组织有关单位进行验收，也可以委托具有相应资质的检验检测机构进行验收；使用承租的机械设备和施工机具及配件的，由施工总承包单位、分包单位、出租单位和安装单位共同进行验收。验收合格的方可使用。

《特种设备安全监察条例》规定的施工起重机械，在验收前应当经有相应资质的检验检测机构监督检验合格。

施工单位应当自施工起重机械和整体提升脚手架、模板等自升式架设设施验收合格之日起 30 日内，向建设行政主管部门或者其他有关部门登记。登记标志应当置于或者附着于该设备的显著位置。

第三十六条　施工单位的主要负责人、项目负责人、专职安全生产管理人员应当经建设行政主管部门或者其他有关部门考核合格后方可任职。

施工单位应当对管理人员和作业人员每年至少进行一次安全生产教育培训，其教育培训情况记入个人工作档案。安全生产教育培训考核不合格的人员，不得上岗。

第三十七条　作业人员进入新的岗位或者新的施工现场前，应当接受安全生产教育培训。未经教育培训或者教育培训考核不合格的人员，不得上岗作业。

施工单位在采用新技术、新工艺、新设备、新材料时，应当对作业人员进行相应的安全生产教育培训。

第三十八条　施工单位应当为施工现场从事危险作业的人员办理意外伤害保险。

意外伤害保险费由施工单位支付。实行施工总承包的，由总承包单位支付意外伤害保险费。意外伤害保险期限自建设工程开工之日起至竣工验收合格止。

第五章　监 督 管 理

第三十九条　国务院负责安全生产监督管理的部门依照《中华人民共和国安全生产法》的规定，对全国建设工程安全生产工作实施综合监督管理。

县级以上地方人民政府负责安全生产监督管理的部门依照《中华人民共和国安全生产法》的规定，对本行政区域内建设工程安全生产工作实施综合监督管理。

第四十条　国务院建设行政主管部门对全国的建设工程安全生产实施监督管理。国务院铁路、交通、水利等有关部门按照国务院规定的职责分工，负责有关专业建设工程安全生产的监督管理。

县级以上地方人民政府建设行政主管部门对本行政区域内的建设工程安全生产实施监督管理。县级以上地方人民政府交通、水利等有关部门在各自的职责范围内，负责本行政区域内的专业建设工程安全生产的监督管理。

第四十一条　建设行政主管部门和其他有关部门应当将本条例第十条、第十一条规定的有关资料的主要内容抄送同级负责安全生产监督管理的部门。

第四十二条　建设行政主管部门在审核发放施工许可证时，应当对建设工程是否有安全施工措施进行审查，对没有安全施工措施的，不得颁发施工许可证。

建设行政主管部门或者其他有关部门对建设工程是否有安全施工措施进行审查时，不得收取费用。

第四十三条　县级以上人民政府负有建设工程安全生产监督管理职责的部门在各自的职责范围内履行安全监督检查职责时，有权采取下列措施：

(一) 要求被检查单位提供有关建设工程安全生产的文件和资料；

(二) 进入被检查单位施工现场进行检查；

(三) 纠正施工中违反安全生产要求的行为；

(四) 对检查中发现的安全事故隐患，责令立即排除；重大安全事故隐患排除前或者排除过程中无法保证安全的，责令从危险区域内撤出作业人员或者暂时停止施工。

第四十四条　建设行政主管部门或者其他有关部门可以将施工现场的监督检查委托给建设工程安全监督机构具体实施。

第四十五条　国家对严重危及施工安全的工艺、设备、材料实行淘汰制度。具体目录由国务院建设行政主管部门会同国务院其他有关部门制定并公布。

第四十六条　县级以上人民政府建设行政主管部门和其他有关部门应当及时受理对建设工程生产安全事故及安全事故隐患的检举、控告和投诉。

第六章　生产安全事故的应急救援和调查处理

第四十七条　县级以上地方人民政府建设行政主管部门应当根据本级人民政府的要求，制定本行政区域内建设工程特大生产安全事故应急救援预案。

第四十八条　施工单位应当制定本单位生产安全事故应急救援预案，建立应急救援组织或者配备应急救援人员，配备必要的应急救援器材、设备，并定期组织演练。

第四十九条　施工单位应当根据建设工程施工的特点、范围，对施工现场易发生重大事故的部位、环节进行监控，制定施工现场生产安全事故应急救援预案。实行施工总承包的，由总承包单位统一组织编制建设工程生产安全事故应急救援预案，工程总承包单位和分包单位按照应急救援预案，各自建立应急救援组织或者配备应急救援人员，配备救援器材、设备，并定期组织演练。

第五十条　施工单位发生生产安全事故，应当按照国家有关伤亡事故报告和调查处理的规定，及时、如实地向负责安全生产监督管理的部门、建设行政主管部门或者其他有关部门报告；特种设备发生事故的，还应当同时向特种设备安全监督管理部门报告。接到报告的部门应当按照国家有关规定，如实上报。

实行施工总承包的建设工程，由总承包单位负责上报事故。

第五十一条　发生生产安全事故后，施工单位应当采取措施防止事故扩大，保护事故现场。需要移动现场物品时，应当做出标记和书面记录，妥善保管有关证物。

第五十二条　建设工程生产安全事故的调查、对事故责任单位和责任人的处罚与处理按照有关法律、法规的规定执行。

第七章　法　律　责　任

第五十三条　违反本条例的规定，县级以上人民政府建设行政主管部门或者其他有关行政管理部门的工作人员，有下列行为之一的，给予降级或者撤职的行政处分；构成犯罪的，依照刑法有关规定追究刑事责任：

(一) 对不具备安全生产条件的施工单位颁发资质证书的；

(二) 对没有安全施工措施的建设工程颁发施工许可证的；

(三) 发现违法行为不予查处的；

(四) 不依法履行监督管理职责的其他行为。

第五十四条　违反本条例的规定，建设单位未提供建设工程安全生产作业环境及安全施工措施所需费用的，责令限期改正；逾期未改正的，责令该建设工程停止施工。

建设单位未将保证安全施工的措施或者拆除工程的有关资料报送有关部门备案的，责令限期改正，给予警告。

第五十五条　违反本条例的规定，建设单位有下列行为之一的，责令限期改正，处20万元以上 50 万元以下的罚款；造成重大安全事故，构成犯罪的，对直接责任人员，依照刑法有关规定追究刑事责任；造成损失的，依法承担赔偿责任：

(一) 对勘察、设计、施工、工程监理等单位提出不符合安全生产法律、法规和强制性标准规定的要求的；

(二) 要求施工单位压缩合同约定的工期的；

(三) 将拆除工程发包给不具有相应资质等级的施工单位的。

第五十六条　违反本条例的规定，勘察单位、设计单位有下列行为之一的，责令限期改正，处 10 万元以上 30 万元以下的罚款；情节严重的，责令停业整顿，降低资质等级，直至吊销资质证书；造成重大安全事故，构成犯罪的，对直接责任人员，依照刑法有关规定追究刑事责任；造成损失的，依法承担赔偿责任：

(一) 未按照法律、法规和工程建设强制性标准进行勘察、设计的；

(二) 采用新结构、新材料、新工艺的建设工程和特殊结构的建设工程，设计单位未在设计中提出保障施工作业人员安全和预防生产安全事故的措施建议的。

第五十七条　违反本条例的规定，工程监理单位有下列行为之一的，责令限期改正；逾期未改正的，责令停业整顿，并处 10 万元以上 30 万元以下的罚款；情节严重的，降低资质等级，直至吊销资质证书；造成重大安全事故，构成犯罪的，对直接责任人员，依照刑法有关规定追究刑事责任；造成损失的，依法承担赔偿责任：

(一) 未对施工组织设计中的安全技术措施或者专项施工方案进行审查的；

(二) 发现安全事故隐患未及时要求施工单位整改或者暂时停止施工的；

(三) 施工单位拒不整改或者不停止施工，未及时向有关主管部门报告的；

(四) 未依照法律、法规和工程建设强制性标准实施监理的。

第五十八条　注册执业人员未执行法律、法规和工程建设强制性标准的，责令停止执业 3 个月以上 1 年以下；情节严重的，吊销执业资格证书，5 年内不予注册；造成重大安全事故的，终身不予注册；构成犯罪的，依照刑法有关规定追究刑事责任。

第五十九条　违反本条例的规定，为建设工程提供机械设备和配件的单位，未按照安全施工的要求配备齐全有效的保险、限位等安全设施和装置的，责令限期改正，处合同价款 1 倍以上 3 倍以下的罚款；造成损失的，依法承担赔偿责任。

第六十条　违反本条例的规定，出租单位出租未经安全性能检测或者经检测不合格的机械设备和施工机具及配件的，责令停业整顿，并处 5 万元以上 10 万元以下的罚款；造成损失的，依法承担赔偿责任。

第六十一条　违反本条例的规定，施工起重机械和整体提升脚手架、模板等自升式架设设施安装、拆卸单位有下列行为之一的，责令限期改正，处 5 万元以上 10 万元以下的罚款；情节严重的，责令停业整顿，降低资质等级，直至吊销资质证书；造成损失的，依法承担赔偿责任：

(一) 未编制拆装方案、制定安全施工措施的；

(二) 未由专业技术人员现场监督的；

(三) 未出具自检合格证明或者出具虚假证明的；

(四) 未向施工单位进行安全使用说明，办理移交手续的。

施工起重机械和整体提升脚手架、模板等自升式架设设施安装、拆卸单位有前款规定的第(一)项、第(三)项行为，经有关部门或者单位职工提出后，对事故隐患仍不采取措施，因而发生重大伤亡事故或者造成其他严重后果，构成犯罪的，对直接责任人员，依照刑法有关规定追究刑事责任。

第六十二条　违反本条例的规定，施工单位有下列行为之一的，责令限期改正；逾期未改的，责令停业整顿，依照《中华人民共和国安全生产法》的有关规定处以罚款；造成重大安全事故，构成犯罪的，对直接责任人员，依照刑法有关规定追究刑事责任：

（一）未设立安全生产管理机构、配备专职安全生产管理人员或者分部分项工程施工时无专职安全生产管理人员现场监督的；

（二）施工单位的主要负责人、项目负责人、专职安全生产管理人员、作业人员或者特种作业人员，未经安全教育培训或者经考核不合格即从事相关工作的；

（三）未在施工现场的危险部位设置明显的安全警示标志，或者未按照国家有关规定在施工现场设置消防通道、消防水源、配备消防设施和灭火器材的；

（四）未向作业人员提供安全防护用具和安全防护服装的；

（五）未按照规定在施工起重机械和整体提升脚手架、模板等自升式架设设施验收合格后登记的；

（六）使用国家明令淘汰、禁止使用的危及施工安全的工艺、设备、材料的。

第六十三条　违反本条例的规定，施工单位挪用列入建设工程概算的安全生产作业环境及安全施工措施所需费用的，责令限期改正，处挪用费用 20% 以上 50% 以下的罚款；造成损失的，依法承担赔偿责任。

第六十四条　违反本条例的规定，施工单位有下列行为之一的，责令限期改正；逾期未改的，责令停业整顿，并处 5 万元以上 10 万元以下的罚款；造成重大安全事故，构成犯罪的，对直接责任人员，依照刑法有关规定追究刑事责任：

（一）施工前未对有关安全施工的技术要求作出详细说明的；

（二）未根据不同施工阶段和周围环境及季节、气候的变化，在施工现场采取相应的安全施工措施，或者在城市市区内的建设工程的施工现场未实行封闭围挡的；

（三）在尚未竣工的建筑物内设置员工集体宿舍的；

（四）施工现场临时搭建的建筑物不符合安全使用要求的；

（五）未对因建设工程施工可能造成损害的毗邻建筑物、构筑物和地下管线等采取专项防护措施的。

施工单位有前款规定第（四）项、第（五）项行为，造成损失的，依法承担赔偿责任。

第六十五条　违反本条例的规定，施工单位有下列行为之一的，责令限期改正；逾期未改正的，责令停业整顿，并处 10 万元以上 30 万元以下的罚款；情节严重的，降低资质等级，直至吊销资质证书；造成重大安全事故，构成犯罪的，对直接责任人员，依照刑法有关规定追究刑事责任；造成损失的，依法承担赔偿责任：

（一）安全防护用具、机械设备、施工机具及配件在进入施工现场前未经查验或者查验不合格即投入使用的；

（二）使用未经验收或者验收不合格的施工起重机械和整体提升脚手架、模板等自升式架设设施的；

（三）委托不具有相应资质的单位承担施工现场安装、拆卸施工起重机械和整体提升脚手架、模板等自升式架设设施的；

（四）在施工组织设计中未编制安全技术措施、施工现场临时用电方案或者专项施工方案的。

第六十六条　违反本条例的规定，施工单位的主要负责人、项目负责人未履行安全生产管理职责的，责令限期改正；逾期未改正的，责令施工单位停业整顿；造成重大安全事故、重大伤亡事故或者其他严重后果，构成犯罪的，依照刑法有关规定追究刑事责任。

作业人员不服管理、违反规章制度和操作规程冒险作业造成重大伤亡事故或者其他严重后果，构成犯罪的，依照刑法有关规定追究刑事责任。

施工单位的主要负责人，项目负责人有前款违法行为，尚不够刑事处罚的，处 2 万元以上 20 万元以下的罚款或者按照管理权限给予撤职处分；自刑罚执行完毕或者受处分之日起，5 年内不得担任任何施工单位的主要负责人、项目负责人。

第六十七条　施工单位取得资质证书后，降低安全生产条件的，责令限期改正；经整改仍未达到与其资质等级相适应的安全生产条件的，责令停业整顿，降低其资质等级直至吊销资质证书。

第六十八条　本条例规定的行政处罚，由建设行政主管部门或者其他有关部门依照法定职权决定。

违反消防安全管理规定的行为，由公安消防机构依法处罚。

有关法律、行政法规对建设工程安全生产违法行为的行政处罚决定机关另有规定的，从其规定。

第八章　附　　则

第六十九条　抢险救灾和农民自建低层住宅的安全生产管理，不适用本条例。

第七十条　军事建设工程的安全生产管理，按照中央军事委员会的有关规定执行。

第七十一条　本条例自 2004 年 2 月 1 日起施行。

附录六　特种作业人员安全技术培训考核管理规定

第一章　总　　则

第一条　为了规范特种作业人员的安全技术培训考核工作，提高特种作业人员的安全技术水平，防止和减少伤亡事故，根据《安全生产法》、《行政许可法》等有关法律、行政法规，制定本规定。

第二条　生产经营单位特种作业人员的安全技术培训、考核、发证、复审及其监督管理工作，适用本规定。

有关法律、行政法规和国务院对有关特种作业人员管理另有规定的，从其规定。

第三条　本规定所称特种作业，是指容易发生事故，对操作者本人、他人的安全健康及设备、设施的安全可能造成重大危害的作业。特种作业的范围由特种作业目录规定。

本规定所称特种作业人员，是指直接从事特种作业的从业人员。

第四条　特种作业人员应当符合下列条件：

(一) 年满 18 周岁，且不超过国家法定退休年龄；

(二) 经社区或者县级以上医疗机构体检健康合格，并无妨碍从事相应特种作业的器质性心脏病、癫痫病、美尼尔氏症、眩晕症、癔病、震颤麻痹症、精神病、痴呆症以及其他疾病和生理缺陷；

(三) 具有初中及以上文化程度；

(四) 具备必要的安全技术知识与技能;

(五) 相应特种作业规定的其他条件。

危险化学品特种作业人员除符合前款第(一)项、第(二)项、第(四)项和第(五)项规定的条件外，应当具备高中或者相当于高中及以上文化程度。

第五条　特种作业人员必须经专门的安全技术培训并考核合格，取得《中华人民共和国特种作业操作证》(以下简称特种作业操作证)后，方可上岗作业。

第六条　特种作业人员的安全技术培训、考核、发证、复审工作实行统一监管、分级实施、教考分离的原则。

第七条　国家安全生产监督管理总局(以下简称安全监管总局)指导、监督全国特种作业人员的安全技术培训、考核、发证、复审工作;省、自治区、直辖市人民政府安全生产监督管理部门负责本行政区域特种作业人员的安全技术培训、考核、发证、复审工作。

国家煤矿安全监察局(以下简称煤矿安监局)指导、监督全国煤矿特种作业人员(含煤矿矿井使用的特种设备作业人员)的安全技术培训、考核、发证、复审工作;省、自治区、直辖市人民政府负责煤矿特种作业人员考核发证工作的部门或者指定的机构负责本行政区域煤矿特种作业人员的安全技术培训、考核、发证、复审工作。

省、自治区、直辖市人民政府安全生产监督管理部门和负责煤矿特种作业人员考核发证工作的部门或者指定的机构(以下统称考核发证机关)可以委托设区的市人民政府安全生产监督管理部门和负责煤矿特种作业人员考核发证工作的部门或者指定的机构实施特种作业人员的安全技术培训、考核、发证、复审工作。

第八条　对特种作业人员安全技术培训、考核、发证、复审工作中的违法行为，任何单位和个人均有权向安全监管总局、煤矿安监局和省、自治区、直辖市及设区的市人民政府安全生产监督管理部门、负责煤矿特种作业人员考核发证工作的部门或者指定的机构举报。

第二章　培　训

第九条　特种作业人员应当接受与其所从事的特种作业相应的安全技术理论培训和实际操作培训。

已经取得职业高中、技工学校及中专以上学历的毕业生从事与其所学专业相应的特种作业，持学历证明经考核发证机关同意，可以免予相关专业的培训。

跨省、自治区、直辖市从业的特种作业人员，可以在户籍所在地或者从业所在地参加培训。

第十条　从事特种作业人员安全技术培训的机构(以下统称培训机构)，必须按照有关规定取得安全生产培训资质证书后，方可从事特种作业人员的安全技术培训。

培训机构开展特种作业人员的安全技术培训，应当制定相应的培训计划、教学安排，并报有关考核发证机关审查、备案。

第十一条　培训机构应当按照安全监管总局、煤矿安监局制定的特种作业人员培训大纲和煤矿特种作业人员培训大纲进行特种作业人员的安全技术培训。

第三章　考核发证

第十二条　特种作业人员的考核包括考试和审核两部分。考试由考核发证机关或其委托的单位负责；审核由考核发证机关负责。

安全监管总局、煤矿安监局分别制定特种作业人员、煤矿特种作业人员的考核标准，并建立相应的考试题库。

考核发证机关或其委托的单位应当按照安全监管总局、煤矿安监局统一制定的考核标准进行考核。

第十三条　参加特种作业操作资格考试的人员，应当填写考试申请表，由申请人或者申请人的用人单位持学历证明或者培训机构出具的培训证明向申请人户籍所在地或者从业所在地的考核发证机关或其委托的单位提出申请。

考核发证机关或其委托的单位收到申请后，应当在 60 日内组织考试。

特种作业操作资格考试包括安全技术理论考试和实际操作考试两部分。考试不及格的，允许补考 1 次。经补考仍不及格的，重新参加相应的安全技术培训。

第十四条　考核发证机关委托承担特种作业操作资格考试的单位应当具备相应的场所、设施、设备等条件，建立相应的管理制度，并公布收费标准等信息。

第十五条　考核发证机关或其委托承担特种作业操作资格考试的单位，应当在考试结束后 10 个工作日内公布考试成绩。

第十六条　符合本规定第四条规定并经考试合格的特种作业人员，应当向其户籍所在地或者从业所在地的考核发证机关申请办理特种作业操作证，并提交身份证复印件、学历证书复印件、体检证明、考试合格证明等材料。

第十七条　收到申请的考核发证机关应当在 5 个工作日内完成对特种作业人员所提交申请材料的审查，作出受理或者不予受理的决定。能够当场作出受理决定的，应当当场作出受理决定；申请材料不齐全或者不符合要求的，应当当场或者在 5 个工作日内一次告知申请人需要补正的全部内容，逾期不告知的，视为自收到申请材料之日起即已被受理。

第十八条　对已经受理的申请，考核发证机关应当在 20 个工作日内完成审核工作。符合条件的，颁发特种作业操作证；不符合条件的，应当说明理由。

第十九条　特种作业操作证有效期为 6 年，在全国范围内有效。

特种作业操作证由安全监管总局统一式样、标准及编号。

第二十条　特种作业操作证遗失的，应当向原考核发证机关提出书面申请，经原考核发证机关审查同意后，予以补发。

特种作业操作证所记载的信息发生变化或者损毁的，应当向原考核发证机关提出书面申请，经原考核发证机关审查确认后，予以更换或者更新。

第四章　复　　审

第二十一条　特种作业操作证每 3 年复审 1 次。

特种作业人员在特种作业操作证有效期内，连续从事本工种 10 年以上，严格遵守有关安全生产法律法规的，经原考核发证机关或者从业所在地考核发证机关同意，特种作业操作证的复审时间可以延长至每 6 年 1 次。

第二十二条　特种作业操作证需要复审的，应当在期满前 60 日内，由申请人或者申请人的用人单位向原考核发证机关或者从业所在地考核发证机关提出申请，并提交下列材料：

(一) 社区或者县级以上医疗机构出具的健康证明；

(二) 从事特种作业的情况；

(三) 安全培训考试合格记录。

特种作业操作证有效期届满需要延期换证的，应当按照前款的规定申请延期复审。

第二十三条 特种作业操作证申请复审或者延期复审前，特种作业人员应当参加必要的安全培训并考试合格。

安全培训时间不少于 8 个学时，主要培训法律、法规、标准、事故案例和有关新工艺、新技术、新装备等知识。

第二十四条 申请复审的，考核发证机关应当在收到申请之日起 20 个工作日内完成复审工作。复审合格的，由考核发证机关签章、登记，予以确认；不合格的，说明理由。

申请延期复审的，经复审合格后，由考核发证机关重新颁发特种作业操作证。

第二十五条 特种作业人员有下列情形之一的，复审或者延期复审不予通过：

(一) 健康体检不合格的；

(二) 违章操作造成严重后果或者有 2 次以上违章行为，并经查证确实的；

(三) 有安全生产违法行为，并给予行政处罚的；

(四) 拒绝、阻碍安全生产监管监察部门监督检查的；

(五) 未按规定参加安全培训，或者考试不合格的；

(六) 具有本规定第三十条、第三十一条规定情形的。

第二十六条 特种作业操作证复审或者延期复审符合本规定第二十五条第(二)项、第(三)项、第(四)项、第(五)项情形的，按照本规定经重新安全培训考试合格后，再办理复审或者延期复审手续。

再复审、延期复审仍不合格，或者未按期复审的，特种作业操作证失效。

第二十七条 申请人对复审或者延期复审有异议的，可以依法申请行政复议或者提起行政诉讼。

第五章 监 督 管 理

第二十八条 考核发证机关或其委托的单位及其工作人员应当忠于职守、坚持原则、廉洁自律，按照法律、法规、规章的规定进行特种作业人员的考核、发证、复审工作，接受社会的监督。

第二十九条 考核发证机关应当加强对特种作业人员的监督检查，发现其具有本规定第三十条规定情形的，及时撤销特种作业操作证；对依法应当给予行政处罚的安全生产违法行为，按照有关规定依法对生产经营单位及其特种作业人员实施行政处罚。

考核发证机关应当建立特种作业人员管理信息系统，方便用人单位和社会公众查询；对于注销特种作业操作证的特种作业人员，应当及时向社会公告。

第三十条 有下列情形之一的，考核发证机关应当撤销特种作业操作证：

(一) 超过特种作业操作证有效期未延期复审的；

(二) 特种作业人员的身体条件已不适合继续从事特种作业的；

(三) 对发生生产安全事故负有责任的；

(四) 特种作业操作证记载虚假信息的;

(五) 以欺骗、贿赂等不正当手段取得特种作业操作证的。

特种作业人员违反前款第(四)项、第(五)项规定的，3 年内不得再次申请特种作业操作证。

第三十一条　有下列情形之一的，考核发证机关应当注销特种作业操作证:

(一) 特种作业人员死亡的;

(二) 特种作业人员提出注销申请的;

(三) 特种作业操作证被依法撤销的。

第三十二条　离开特种作业岗位 6 个月以上的特种作业人员，应当重新进行实际操作考试，经确认合格后方可上岗作业。

第三十三条　省、自治区、直辖市人民政府安全生产监督管理部门和负责煤矿特种作业人员考核发证工作的部门或者指定的机构应当每年分别向安全监管总局、煤矿安监局报告特种作业人员的考核发证情况。

第三十四条　培训机构应当按照有关规定组织实施特种作业人员的安全技术培训，不得向任何机构或者个人转借、出租安全生产培训资质证书。

第三十五条　生产经营单位应当加强对本单位特种作业人员的管理，建立健全特种作业人员培训、复审档案，做好申报、培训、考核、复审的组织工作和日常的检查工作。

第三十六条　特种作业人员在劳动合同期满后变动工作单位的，原工作单位不得以任何理由扣押其特种作业操作证。

跨省、自治区、直辖市从业的特种作业人员应当接受从业所在地考核发证机关的监督管理。

第三十七条　生产经营单位不得印制、伪造、倒卖特种作业操作证，或者使用非法印制、伪造、倒卖的特种作业操作证。

特种作业人员不得伪造、涂改、转借、转让、冒用特种作业操作证或者使用伪造的特种作业操作证。

第六章　罚　　则

第三十八条　考核发证机关或其委托的单位及其工作人员在特种作业人员考核、发证和复审工作中滥用职权、玩忽职守、徇私舞弊的，依法给予行政处分;构成犯罪的，依法追究刑事责任。

第三十九条　生产经营单位未建立健全特种作业人员档案的，给予警告，并处 1 万元以下的罚款。

第四十条　生产经营单位使用未取得特种作业操作证的特种作业人员上岗作业的，责令限期改正;逾期未改正的，责令停产停业整顿，可以并处 2 万元以下的罚款。

煤矿企业使用未取得特种作业操作证的特种作业人员上岗作业的，依照《国务院关于预防煤矿生产安全事故的特别规定》的规定处罚。

第四十一条　生产经营单位非法印制、伪造、倒卖特种作业操作证，或者使用非法印制、伪造、倒卖的特种作业操作证的，给予警告，并处 1 万元以上 3 万元以下的罚款;构成犯罪的，依法追究刑事责任。

第四十二条　特种作业人员伪造、涂改特种作业操作证或者使用伪造的特种作业操作证的，给予警告，并处 1000 元以上 5000 元以下的罚款。

特种作业人员转借、转让、冒用特种作业操作证的，给予警告，并处 2000 元以上 10 000 元以下的罚款。

第四十三条　培训机构违反有关规定从事特种作业人员安全技术培训的，按照有关规定依法给予行政处罚。

第七章　附　　则

第四十四条　特种作业人员培训、考试的收费标准，由省、自治区、直辖市人民政府安全生产监督管理部门会同负责煤矿特种作业人员考核发证工作的部门或者指定的机构统一制定，报同级人民政府物价、财政部门批准后执行，证书工本费由考核发证机关列入同级财政预算。

第四十五条　省、自治区、直辖市人民政府安全生产监督管理部门和负责煤矿特种作业人员考核发证工作的部门或者指定的机构可以结合本地区实际，制定实施细则，报安全监管总局、煤矿安监局备案。

第四十六条　本规定自 2010 年 7 月 1 日起施行。1999 年 7 月 12 日原国家经贸委发布的《特种作业人员安全技术培训考核管理办法》(原国家经贸委令第 13 号)同时废止。

特种作业目录

1　电工作业

指对电气设备进行运行、维护、安装、检修、改造、施工、调试等作业(不含电力系统进网作业)。

1.1　高压电工作业

指对 1 千伏(kV)及以上的高压电气设备进行运行、维护、安装、检修、改造、施工、调试、试验及绝缘工、器具进行试验的作业。

1.2　低压电工作业

指对 1 千伏(kV)以下的低压电器设备进行安装、调试、运行操作、维护、检修、改造施工和试验的作业。

1.3　防爆电气作业

指对各种防爆电气设备进行安装、检修、维护的作业。

适用于除煤矿井下以外的防爆电气作业。

2　焊接与热切割作业

指运用焊接或者热切割方法对材料进行加工的作业(不含《特种设备安全监察条例》规定的有关作业)。

2.1　熔化焊接与热切割作业

指使用局部加热的方法将连接处的金属或其他材料加热至熔化状态而完成焊接与切

割的作业。

适用于气焊与气割、焊条电弧焊与碳弧气刨、埋弧焊、气体保护焊、等离子弧焊、电渣焊、电子束焊、激光焊、氧熔剂切割、激光切割、等离子切割等作业。

2.2　压力焊作业

指利用焊接时施加一定压力而完成的焊接作业。

适用于电阻焊、气压焊、爆炸焊、摩擦焊、冷压焊、超声波焊、锻焊等作业。

2.3　钎焊作业

指使用比母材熔点低的材料作钎料，将焊件和钎料加热到高于钎料熔点，但低于母材熔点的温度，利用液态钎料润湿母材，填充接头间隙并与母材相互扩散而实现连接焊件的作业。

适用于火焰钎焊作业、电阻钎焊作业、感应钎焊作业、浸渍钎焊作业、炉中钎焊作业，不包括烙铁钎焊作业。

3　高处作业

指专门或经常在坠落高度基准面 2 米及以上有可能坠落的高处进行的作业。

3.1　登高架设作业

指在高处从事脚手架、跨越架架设或拆除的作业。

3.2　高处安装、维护、拆除作业

指在高处从事安装、维护、拆除的作业。

适用于利用专用设备进行建筑物内外装饰、清洁、装修，电力、电信等线路架设，高处管道架设，小型空调高处安装、维修，各种设备设施与户外广告设施的安装、检修、维护以及在高处从事建筑物、设备设施拆除作业。

4　制冷与空调作业

指对大中型制冷与空调设备运行操作、安装与修理的作业。

4.1　制冷与空调设备运行操作作业

指对各类生产经营企业和事业等单位的大中型制冷与空调设备运行操作的作业。

适用于化工类(石化、化工、天然气液化、工艺性空调)生产企业，机械类(冷加工、冷处理、工艺性空调)生产企业，食品类(酿造、饮料、速冻或冷冻调理食品、工艺性空调)生产企业，农副产品加工类(屠宰及肉食品加工、水产加工、果蔬加工)生产企业，仓储类(冷库、速冻加工、制冰)生产经营企业，运输类(冷藏运输)经营企业，服务类(电信机房、体育场馆、建筑的集中空调)经营企业和事业等单位的大中型制冷与空调设备运行操作作业。

4.2　制冷与空调设备安装修理作业

指对 4.1 所指制冷与空调设备整机、部件及相关系统进行安装、调试与维修的作业。

5　煤矿安全作业

5.1　煤矿井下电气作业

指从事煤矿井下机电设备的安装、调试、巡检、维修和故障处理，保证本班机电设备安全运行的作业。

适用于与煤共生、伴生的坑探、矿井建设、开采过程中的井下电钳等作业。

5.2　煤矿井下爆破作业

指在煤矿井下进行爆破的作业。

5.3 煤矿安全监测监控作业

指从事煤矿井下安全监测监控系统的安装、调试、巡检、维修，保证其安全运行的作业。

适用于与煤共生、伴生的坑探、矿井建设、开采过程中的安全监测监控作业。

5.4 煤矿瓦斯检查作业

指从事煤矿井下瓦斯巡检工作，负责管辖范围内通风设施的完好及通风、瓦斯情况检查，按规定填写各种记录，及时处理或汇报发现的问题的作业。

适用于与煤共生、伴生的矿井建设、开采过程中的煤矿井下瓦斯检查作业。

5.5 煤矿安全检查作业

指从事煤矿安全监督检查，巡检生产作业场所的安全设施和安全生产状况，检查并督促处理相应事故隐患的作业。

5.6 煤矿提升机操作作业

指操作煤矿的提升设备运送人员、矿石、矸石和物料，并负责巡检和运行记录的作业。

适用于操作煤矿提升机，包括立井、暗立井提升机，斜井、暗斜井提升机以及露天矿山斜坡卷扬提升的提升机作业。

5.7 煤矿采煤机(掘进机)操作作业

指在采煤工作面、掘进工作面操作采煤机、掘进机，从事落煤、装煤、掘进工作，负责采煤机、掘进机巡检和运行记录，保证采煤机、掘进机安全运行的作业。

适用于煤矿开采、掘进过程中的采煤机、掘进机作业。

5.8 煤矿瓦斯抽采作业

指从事煤矿井下瓦斯抽采钻孔施工、封孔、瓦斯流量测定及瓦斯抽采设备操作等，保证瓦斯抽采工作安全进行的作业。

适用于煤矿、与煤共生和伴生的矿井建设、开采过程中的煤矿地面和井下瓦斯抽采作业。

5.9 煤矿防突作业

指从事煤与瓦斯突出的预测预报、相关参数的收集与分析、防治突出措施的实施与检查、防突效果检验等，保证防突工作安全进行的作业。

适用于煤矿、与煤共生和伴生的矿井建设、开采过程中的煤矿井下煤与瓦斯防突作业。

5.10 煤矿探放水作业

指从事煤矿探放水的预测预报、相关参数的收集与分析、探放水措施的实施与检查、效果检验等，保证探放水工作安全进行的作业。

适用于煤矿、与煤共生和伴生的矿井建设、开采过程中的煤矿井下探放水作业。

6 金属非金属矿山安全作业

6.1 金属非金属矿井通风作业

指安装井下局部通风机，操作地面主要扇风机、井下局部通风机和辅助通风机，操作、维护矿井通风构筑物，进行井下防尘，使矿井通风系统正常运行，保证局部通风，以预防中毒窒息和除尘等的作业。

6.2 尾矿作业

指从事尾矿库放矿、筑坝、巡坝、抽洪和排渗设施的作业。

适用于金属非金属矿山的尾矿作业。

6.3　金属非金属矿山安全检查作业

指从事金属非金属矿山安全监督检查，巡检生产作业场所的安全设施和安全生产状况，检查并督促处理相应事故隐患的作业。

6.4　金属非金属矿山提升机操作作业

指操作金属非金属矿山的提升设备运送人员、矿石、矸石和物料，及负责巡检和运行记录的作业。

适用于金属非金属矿山的提升机，包括竖井、盲竖井提升机，斜井、盲斜井提升机以及露天矿山斜坡卷扬提升的提升机作业。

6.5　金属非金属矿山支柱作业

指在井下检查井巷和采场顶、帮的稳定性，撬浮石，进行支护的作业。

6.6　金属非金属矿山井下电气作业

指从事金属非金属矿山井下机电设备的安装、调试、巡检、维修和故障处理，保证机电设备安全运行的作业。

6.7　金属非金属矿山排水作业

指从事金属非金属矿山排水设备日常使用、维护、巡检的作业。

6.8　金属非金属矿山爆破作业

指在露天和井下进行爆破的作业。

7　石油天然气安全作业

7.1　司钻作业

指石油、天然气开采过程中操作钻机起升钻具的作业。

适用于陆上石油、天然气司钻(含钻井司钻、作业司钻及勘探司钻)作业。

8　冶金(有色)生产安全作业

8.1　煤气作业

指冶金、有色企业内从事煤气生产、储存、输送、使用、维护检修的作业。

9　危险化学品安全作业

指从事危险化工工艺过程操作及化工自动化控制仪表安装、维修、维护的作业。

9.1　光气及光气化工艺作业

指光气合成以及厂内光气储存、输送和使用岗位的作业。

适用于一氧化碳与氯气反应得到光气，光气合成双光气、三光气，采用光气作单体合成聚碳酸酯，甲苯二异氰酸酯(TDI)制备，4,4'-二苯基甲烷二异氰酸酯(MDI)制备等工艺过程的操作作业。

9.2　氯碱电解工艺作业

指氯化钠和氯化钾电解、液氯储存和充装岗位的作业。

适用于氯化钠(食盐)水溶液电解生产氯气、氢氧化钠、氢气，氯化钾水溶液电解生产氯气、氢氧化钾、氢气等工艺过程的操作作业。

9.3　氯化工艺作业

指液氯储存、气化和氯化反应岗位的作业。

适用于取代氯化，加成氯化，氧氯化等工艺过程的操作作业。

9.4　硝化工艺作业

指硝化反应、精馏分离岗位的作业。

适用于直接硝化法，间接硝化法，亚硝化法等工艺过程的操作作业。

9.5　合成氨工艺作业

指压缩、氨合成反应、液氨储存岗位的作业。

适用于节能氨五工艺法(AMV)，德士古水煤浆加压气化法、凯洛格法，甲醇与合成氨联合生产的联醇法，纯碱与合成氨联合生产的联碱法，采用变换催化剂、氧化锌脱硫剂和甲烷催化剂的"三催化"气体净化法工艺过程的操作作业。

9.6　裂解(裂化)工艺作业

指石油系的烃类原料裂解(裂化)岗位的作业。

适用于热裂解制烯烃工艺，重油催化裂化制汽油、柴油、丙烯、丁烯，乙苯裂解制苯乙烯，二氟一氯甲烷(HCFC-22)热裂解制得四氟乙烯(TFE)，二氟一氯乙烷(HCFC-142b)热裂解制得偏氟乙烯(VDF)，四氟乙烯和八氟环丁烷热裂解制得六氟乙烯(HFP)工艺过程的操作作业。

9.7　氟化工艺作业

指氟化反应岗位的作业。

适用于直接氟化，金属氟化物或氟化氢气体氟化，置换氟化以及其他氟化物的制备等工艺过程的操作作业。

9.8　加氢工艺作业

指加氢反应岗位的作业。

适用于不饱和炔烃、烯烃的三键和双键加氢，芳烃加氢，含氧化合物加氢，含氮化合物加氢以及油品加氢等工艺过程的操作作业。

9.9　重氮化工艺作业

指重氮化反应、重氮盐后处理岗位的作业。

适用于顺法、反加法、亚硝酰硫酸法、硫酸铜触媒法以及盐析法等工艺过程的操作作业。

9.10　氧化工艺作业

指氧化反应岗位的作业。

适用于乙烯氧化制环氧乙烷，甲醇氧化制备甲醛，对二甲苯氧化制备对苯二甲酸，异丙苯经氧化-酸解联产苯酚和丙酮，环己烷氧化制环己酮，天然气氧化制乙炔，丁烯、丁烷、C4 馏分或苯的氧化制顺丁烯二酸酐，邻二甲苯或萘的氧化制备邻苯二甲酸酐，均四甲苯的氧化制备均苯四甲酸二酐，苊的氧化制 1，8-萘二甲酸酐，3-甲基吡啶氧化制 3-吡啶甲酸(烟酸)，4-甲基吡啶氧化制 4-吡啶甲酸(异烟酸)，2-乙基己醇(异辛醇)氧化制备 2-乙基己酸(异辛酸)，对氯甲苯氧化制备对氯苯甲醛和对氯苯甲酸，甲苯氧化制备苯甲醛、苯甲酸，对硝基甲苯氧化制备对硝基苯甲酸，环十二醇/酮混合物的开环氧化制备十二碳二酸，环己酮/醇混合物的氧化制己二酸，乙二醛硝酸氧化法合成乙醛酸，以及丁醛氧化制丁酸以及氨氧化制硝酸等工艺过程的操作作业。

9.11　过氧化工艺作业

指过氧化反应、过氧化物储存岗位的作业。

适用于双氧水的生产，乙酸在硫酸存在下与双氧水作用制备过氧乙酸水溶液，酸酐与双氧水作用直接制备过氧二酸，苯甲酰氯与双氧水的碱性溶液作用制备过氧化苯甲酰，以及异丙苯经空气氧化生产过氧化氢异丙苯等工艺过程的操作作业。

9.12　胺基化工艺作业

指胺基化反应岗位的作业。

适用于邻硝基氯苯与氨水反应制备邻硝基苯胺，对硝基氯苯与氨水反应制备对硝基苯胺，间甲酚与氯化铵的混合物在催化剂和氨水作用下生成间甲苯胺，甲醇在催化剂和氨气作用下制备甲胺，1-硝基蒽醌与过量的氨水在氯苯中制备 1-氨基蒽醌，2,6-蒽醌二磺酸氨解制备 2,6-二氨基蒽醌，苯乙烯与胺反应制备 N-取代苯乙胺，环氧乙烷或亚乙基亚胺与胺或氨发生开环加成反应制备氨基乙醇或二胺，甲苯经氨氧化制备苯甲腈，以及丙烯氨氧化制备丙烯腈等工艺过程的操作作业。

9.13　磺化工艺作业

指磺化反应岗位的作业。

适用于三氧化硫磺化法，共沸去水磺化法，氯磺酸磺化法，烘焙磺化法，以及亚硫酸盐磺化法等工艺过程的操作作业。

9.14　聚合工艺作业

指聚合反应岗位的作业。

适用于聚烯烃、聚氯乙烯、合成纤维、橡胶、乳液、涂料黏合剂生产以及氟化物聚合等工艺过程的操作作业。

9.15　烷基化工艺作业

指烷基化反应岗位的作业。

适用于 C-烷基化反应，N-烷基化反应，O-烷基化反应等工艺过程的操作作业。

9.16　化工自动化控制仪表作业

指化工自动化控制仪表系统安装、维修、维护的作业。

10　烟花爆竹安全作业

指从事烟花爆竹生产、储存中的药物混合、造粒、筛选、装药、筑药、压药、搬运等危险工序的作业。

10.1　烟火药制造作业

指从事烟火药的粉碎、配药、混合、造粒、筛选、干燥、包装等作业。

10.2　黑火药制造作业

指从事黑火药的潮药、浆硝、包片、碎片、油压、抛光和包浆等作业。

10.3　引火线制造作业

指从事引火线的制引、浆引、漆引、切引等作业。

10.4　烟花爆竹产品涉药作业

指从事烟花爆竹产品加工中的压药、装药、筑药、褙药剂、已装药的钻孔等作业。

10.5　烟花爆竹储存作业

指从事烟花爆竹仓库保管、守护、搬运等作业。

11　安全监管总局认定的其他作业

附录七　中华人民共和国职业病防治法

2001 年 10 月 27 日第九届全国人民代表大会常务委员会第二十四次会议通过；

根据 2011 年 12 月 31 日第十一届全国人民代表大会常务委员会第二十四次会议《关于修改〈中华人民共和国职业病防治法〉的决定》第一次修正；

根据 2016 年 7 月 2 日第十二届全国人民代表大会常务委员会第二十一次会议《关于修改〈中华人民共和国节约能源法〉等六部法律的决定》第二次修正。

《全国人民代表大会常务委员会关于修改<中华人民共和国会计法>等十一部法律的决定》已由中华人民共和国第十二届全国人民代表大会常务委员会第三十次会议于 2017 年 11 月 4 日通过，现予公布，自 2017 年 11 月 5 日起施行。

第一章　总　　则

第一条　为了预防、控制和消除职业病危害，防治职业病，保护劳动者健康及其相关权益，促进经济社会发展，根据宪法，制定本法。

第二条　本法适用于中华人民共和国领域内的职业病防治活动。

本法所称职业病，是指企业、事业单位和个体经济组织等用人单位的劳动者在职业活动中，因接触粉尘、放射性物质和其他有毒、有害因素而引起的疾病。

职业病的分类和目录由国务院卫生行政部门会同国务院安全生产监督管理部门、劳动保障行政部门制定、调整并公布。

第三条　职业病防治工作坚持预防为主、防治结合的方针，建立用人单位负责、行政机关监管、行业自律、职工参与和社会监督的机制，实行分类管理、综合治理。

第四条　劳动者依法享有职业卫生保护的权利。

用人单位应当为劳动者创造符合国家职业卫生标准和卫生要求的工作环境和条件，并采取措施保障劳动者获得职业卫生保护。

工会组织依法对职业病防治工作进行监督，维护劳动者的合法权益。用人单位制定或者修改有关职业病防治的规章制度，应当听取工会组织的意见。

第五条　用人单位应当建立、健全职业病防治责任制，加强对职业病防治的管理，提高职业病防治水平，对本单位产生的职业病危害承担责任。

第六条　用人单位的主要负责人对本单位的职业病防治工作全面负责。

第七条　用人单位必须依法参加工伤保险。

国务院和县级以上地方人民政府劳动保障行政部门应当加强对工伤保险的监督管理，确保劳动者依法享受工伤保险待遇。

第八条　国家鼓励和支持研制、开发、推广、应用有利于职业病防治和保护劳动者健康的新技术、新工艺、新设备、新材料，加强对职业病的机理和发生规律的基础研究，提高职业病防治科学技术水平；积极采用有效的职业病防治技术、工艺、设备、材料；限制使用或者淘汰职业病危害严重的技术、工艺、设备、材料。

国家鼓励和支持职业病医疗康复机构的建设。

第九条　国家实行职业卫生监督制度。

国务院安全生产监督管理部门、卫生行政部门、劳动保障行政部门依照本法和国务院确定的职责，负责全国职业病防治的监督管理工作。国务院有关部门在各自的职责范围内负责职业病防治的有关监督管理工作。

县级以上地方人民政府安全生产监督管理部门、卫生行政部门、劳动保障行政部门依据各自职责，负责本行政区域内职业病防治的监督管理工作。县级以上地方人民政府有关部门在各自的职责范围内负责职业病防治的有关监督管理工作。

县级以上人民政府安全生产监督管理部门、卫生行政部门、劳动保障行政部门(以下统称职业卫生监督管理部门)应当加强沟通，密切配合，按照各自职责分工，依法行使职权，承担责任。

第十条　国务院和县级以上地方人民政府应当制定职业病防治规划，将其纳入国民经济和社会发展计划，并组织实施。

县级以上地方人民政府统一负责、领导、组织、协调本行政区域的职业病防治工作，建立健全职业病防治工作体制、机制，统一领导、指挥职业卫生突发事件应对工作；加强职业病防治能力建设和服务体系建设，完善、落实职业病防治工作责任制。

乡、民族乡、镇的人民政府应当认真执行本法，支持职业卫生监督管理部门依法履行职责。

第十一条　县级以上人民政府职业卫生监督管理部门应当加强对职业病防治的宣传教育，普及职业病防治的知识，增强用人单位的职业病防治观念，提高劳动者的职业健康意识、自我保护意识和行使职业卫生保护权利的能力。

第十二条　有关防治职业病的国家职业卫生标准，由国务院卫生行政部门组织制定并公布。

国务院卫生行政部门应当组织开展重点职业病监测和专项调查，对职业健康风险进行评估，为制定职业卫生标准和职业病防治政策提供科学依据。

县级以上地方人民政府卫生行政部门应当定期对本行政区域的职业病防治情况进行统计和调查分析。

第十三条　任何单位和个人有权对违反本法的行为进行检举和控告。有关部门收到相关的检举和控告后，应当及时处理。

对防治职业病成绩显著的单位和个人，给予奖励。

第二章　前　期　预　防

第十四条　用人单位应当依照法律、法规要求，严格遵守国家职业卫生标准，落实职业病预防措施，从源头上控制和消除职业病危害。

第十五条　产生职业病危害的用人单位的设立除应当符合法律、行政法规规定的设立条件外，其工作场所还应当符合下列职业卫生要求：

(一) 职业病危害因素的强度或者浓度符合国家职业卫生标准；

(二) 有与职业病危害防护相适应的设施；

(三) 生产布局合理，符合有害与无害作业分开的原则；

(四) 有配套的更衣间、洗浴间、孕妇休息间等卫生设施；

(五) 设备、工具、用具等设施符合保护劳动者生理、心理健康的要求；

(六) 法律、行政法规和国务院卫生行政部门、安全生产监督管理部门关于保护劳动者健康的其他要求。

第十六条　国家建立职业病危害项目申报制度。

用人单位工作场所存在职业病目录所列职业病的危害因素的，应当及时、如实向所在地安全生产监督管理部门申报危害项目，接受监督。

职业病危害因素分类目录由国务院卫生行政部门会同国务院安全生产监督管理部门制定、调整并公布。职业病危害项目申报的具体办法由国务院安全生产监督管理部门制定。

第十七条　新建、扩建、改建建设项目和技术改造、技术引进项目(以下统称建设项目)可能产生职业病危害的，建设单位在可行性论证阶段应当进行职业病危害预评价。

医疗机构建设项目可能产生放射性职业病危害的，建设单位应当向卫生行政部门提交放射性职业病危害预评价报告。卫生行政部门应当自收到预评价报告之日起三十日内，作出审核决定并书面通知建设单位。未提交预评价报告或者预评价报告未经卫生行政部门审核同意的，不得开工建设。

职业病危害预评价报告应当对建设项目可能产生的职业病危害因素及其对工作场所和劳动者健康的影响作出评价，确定危害类别和职业病防护措施。

建设项目职业病危害分类管理办法由国务院安全生产监督管理部门制定。

第十八条　建设项目的职业病防护设施所需费用应当纳入建设项目工程预算，并与主体工程同时设计，同时施工，同时投入生产和使用。

建设项目的职业病防护设施设计应当符合国家职业卫生标准和卫生要求；其中，医疗机构放射性职业病危害严重的建设项目的防护设施设计，应当经卫生行政部门审查同意后，方可施工。

建设项目在竣工验收前，建设单位应当进行职业病危害控制效果评价。

医疗机构可能产生放射性职业病危害的建设项目竣工验收时，其放射性职业病防护设施经卫生行政部门验收合格后，方可投入使用；其他建设项目的职业病防护设施应当由建设单位负责依法组织验收，验收合格后，方可投入生产和使用。安全生产监督管理部门应当加强对建设单位组织的验收活动和验收结果的监督核查。

第十九条　国家对从事放射性、高毒、高危粉尘等作业实行特殊管理。具体管理办法由国务院制定。

第三章　劳动过程中的防护与管理

第二十条　用人单位应当采取下列职业病防治管理措施：

(一) 设置或者指定职业卫生管理机构或者组织，配备专职或者兼职的职业卫生管理人员，负责本单位的职业病防治工作；

(二) 制定职业病防治计划和实施方案；

(三) 建立、健全职业卫生管理制度和操作规程；

(四) 建立、健全职业卫生档案和劳动者健康监护档案；

(五) 建立、健全工作场所职业病危害因素监测及评价制度；

(六) 建立、健全职业病危害事故应急救援预案。

第二十一条　用人单位应当保障职业病防治所需的资金投入，不得挤占、挪用，并对因资金投入不足导致的后果承担责任。

第二十二条　用人单位必须采用有效的职业病防护设施，并为劳动者提供个人使用的职业病防护用品。

用人单位为劳动者个人提供的职业病防护用品必须符合防治职业病的要求；不符合要求的，不得使用。

第二十三条　用人单位应当优先采用有利于防治职业病和保护劳动者健康的新技术、新工艺、新设备、新材料，逐步替代职业病危害严重的技术、工艺、设备、材料。

第二十四条　产生职业病危害的用人单位，应当在醒目位置设置公告栏，公布有关职业病防治的规章制度、操作规程、职业病危害事故应急救援措施和工作场所职业病危害因素检测结果。

对产生严重职业病危害的作业岗位，应当在其醒目位置，设置警示标志和中文警示说明。警示说明应当载明产生职业病危害的种类、后果、预防以及应急救治措施等内容。

第二十五条　对可能发生急性职业损伤的有毒、有害工作场所，用人单位应当设置报警装置，配置现场急救用品、冲洗设备、应急撤离通道和必要的泄险区。

对放射工作场所和放射性同位素的运输、贮存，用人单位必须配置防护设备和报警装置，保证接触放射线的工作人员佩戴个人剂量计。

对职业病防护设备、应急救援设施和个人使用的职业病防护用品，用人单位应当进行经常性的维护、检修，定期检测其性能和效果，确保其处于正常状态，不得擅自拆除或者停止使用。

第二十六条　用人单位应当实施由专人负责的职业病危害因素日常监测，并确保监测系统处于正常运行状态。

用人单位应当按照国务院安全生产监督管理部门的规定，定期对工作场所进行职业病危害因素检测、评价。检测、评价结果存入用人单位职业卫生档案，定期向所在地安全生产监督管理部门报告并向劳动者公布。

职业病危害因素检测、评价由依法设立的取得国务院安全生产监督管理部门或者设区的市级以上地方人民政府安全生产监督管理部门按照职责分工给予资质认可的职业卫生技术服务机构进行。职业卫生技术服务机构所做检测、评价应当客观、真实。

发现工作场所职业病危害因素不符合国家职业卫生标准和卫生要求时，用人单位应当立即采取相应治理措施，仍然达不到国家职业卫生标准和卫生要求的，必须停止存在职业病危害因素的作业；职业病危害因素经治理后，符合国家职业卫生标准和卫生要求的，方可重新作业。

第二十七条　职业卫生技术服务机构依法从事职业病危害因素检测、评价工作，接受安全生产监督管理部门的监督检查。安全生产监督管理部门应当依法履行监督职责。

第二十八条　向用人单位提供可能产生职业病危害的设备的，应当提供中文说明书，并在设备的醒目位置设置警示标志和中文警示说明。警示说明应当载明设备性能、可能产生的职业病危害、安全操作和维护注意事项、职业病防护以及应急救治措施等内容。

第二十九条　向用人单位提供可能产生职业病危害的化学品、放射性同位素和含有放射性物质的材料的，应当提供中文说明书。说明书应当载明产品特性、主要成分、存在的有害因素、可能产生的危害后果、安全使用注意事项、职业病防护以及应急救治措施等内容。

产品包装应当有醒目的警示标志和中文警示说明。储存上述材料的场所应当在规定的部位设置危险物品标志或者放射性警示标志。

国内首次使用或者首次进口与职业病危害有关的化学材料，使用单位或者进口单位按照国家规定经国务院有关部门批准后，应当向国务院卫生行政部门、安全生产监督管理部门报送该化学材料的毒性鉴定以及经有关部门登记注册或者批准进口的文件等资料。

进口放射性同位素、射线装置和含有放射性物质的物品的，按照国家有关规定办理。

第三十条　任何单位和个人不得生产、经营、进口和使用国家明令禁止使用的可能产生职业病危害的设备或者材料。

第三十一条　任何单位和个人不得将产生职业病危害的作业转移给不具备职业病防护条件的单位和个人。不具备职业病防护条件的单位和个人不得接受产生职业病危害的作业。

第三十二条　用人单位对采用的技术、工艺、设备、材料，应当知悉其产生的职业病危害，对有职业病危害的技术、工艺、设备、材料隐瞒其危害而采用的，对所造成的职业病危害后果承担责任。

第三十三条　用人单位与劳动者订立劳动合同(含聘用合同，下同)时，应当将工作过程中可能产生的职业病危害及其后果、职业病防护措施和待遇等如实告知劳动者，并在劳动合同中写明，不得隐瞒或者欺骗。

劳动者在已订立劳动合同期间因工作岗位或者工作内容变更，从事与所订立劳动合同中未告知的存在职业病危害的作业时，用人单位应当依照前款规定，向劳动者履行如实告知的义务，并协商变更原劳动合同相关条款。

用人单位违反前两款规定的，劳动者有权拒绝从事存在职业病危害的作业，用人单位不得因此解除与劳动者所订立的劳动合同。

第三十四条　用人单位的主要负责人和职业卫生管理人员应当接受职业卫生培训，遵守职业病防治法律、法规，依法组织本单位的职业病防治工作。

用人单位应当对劳动者进行上岗前的职业卫生培训和在岗期间的定期职业卫生培训，普及职业卫生知识，督促劳动者遵守职业病防治法律、法规、规章和操作规程，指导劳动者正确使用职业病防护设备和个人使用的职业病防护用品。

劳动者应当学习和掌握相关的职业卫生知识，增强职业病防范意识，遵守职业病防治法律、法规、规章和操作规程，正确使用、维护职业病防护设备和个人使用的职业病防护用品，发现职业病危害事故隐患应当及时报告。

劳动者不履行前款规定义务的，用人单位应当对其进行教育。

第三十五条　对从事接触职业病危害的作业的劳动者，用人单位应当按照国务院安全生产监督管理部门、卫生行政部门的规定组织上岗前、在岗期间和离岗时的职业健康检查，并将检查结果书面告知劳动者。职业健康检查费用由用人单位承担。

用人单位不得安排未经上岗前职业健康检查的劳动者从事接触职业病危害的作业；不得安排有职业禁忌的劳动者从事其所禁忌的作业；对在职业健康检查中发现有与所从事的职业相关的健康损害的劳动者，应当调离原工作岗位，并妥善安置；对未进行离岗前职业健康检查的劳动者不得解除或者终止与其订立的劳动合同。

职业健康检查应当由取得《医疗机构执业许可证》的医疗卫生机构承担。卫生行政部门应当加强对职业健康检查工作的规范管理，具体管理办法由国务院卫生行政部门制定。

第三十六条　用人单位应当为劳动者建立职业健康监护档案，并按照规定的期限妥善保存。

职业健康监护档案应当包括劳动者的职业史、职业病危害接触史、职业健康检查结果和职业病诊疗等有关个人健康资料。

劳动者离开用人单位时，有权索取本人职业健康监护档案复印件，用人单位应当如实、无偿提供，并在所提供的复印件上签章。

第三十七条　发生或者可能发生急性职业病危害事故时，用人单位应当立即采取应急救援和控制措施，并及时报告所在地安全生产监督管理部门和有关部门。安全生产监督管理部门接到报告后，应当及时会同有关部门组织调查处理；必要时，可以采取临时控制措施。卫生行政部门应当组织做好医疗救治工作。

对遭受或者可能遭受急性职业病危害的劳动者，用人单位应当及时组织救治、进行健康检查和医学观察，所需费用由用人单位承担。

第三十八条　用人单位不得安排未成年工从事接触职业病危害的作业；不得安排孕期、哺乳期的女职工从事对本人和胎儿、婴儿有危害的作业。

第三十九条　劳动者享有下列职业卫生保护权利：

(一) 获得职业卫生教育、培训；

(二) 获得职业健康检查、职业病诊疗、康复等职业病防治服务；

(三) 了解工作场所产生或者可能产生的职业病危害因素、危害后果和应当采取的职业病防护措施；

(四) 要求用人单位提供符合防治职业病要求的职业病防护设施和个人使用的职业病防护用品，改善工作条件；

(五) 对违反职业病防治法律、法规以及危及生命健康的行为提出批评、检举和控告；

(六) 拒绝违章指挥和强令进行没有职业病防护措施的作业；

(七) 参与用人单位职业卫生工作的民主管理，对职业病防治工作提出意见和建议。

用人单位应当保障劳动者行使前款所列权利。因劳动者依法行使正当权利而降低其工资、福利等待遇或者解除、终止与其订立的劳动合同的，其行为无效。

第四十条　工会组织应当督促并协助用人单位开展职业卫生宣传教育和培训，有权对用人单位的职业病防治工作提出意见和建议，依法代表劳动者与用人单位签订劳动安全卫生专项集体合同，与用人单位就劳动者反映的有关职业病防治的问题进行协调并督促解决。

工会组织对用人单位违反职业病防治法律、法规，侵犯劳动者合法权益的行为，有权要求纠正；产生严重职业病危害时，有权要求采取防护措施，或者向政府有关部门建议采取强制性措施；发生职业病危害事故时，有权参与事故调查处理；发现危及劳动者生命健康的情形时，有权向用人单位建议组织劳动者撤离危险现场，用人单位应当立即作出处理。

第四十一条　用人单位按照职业病防治要求，用于预防和治理职业病危害、工作场所卫生检测、健康监护和职业卫生培训等费用，按照国家有关规定，在生产成本中据实列支。

第四十二条　职业卫生监督管理部门应当按照职责分工，加强对用人单位落实职业病防护管理措施情况的监督检查，依法行使职权，承担责任。

第四章　职业病诊断与职业病病人保障

第四十三条　医疗卫生机构承担职业病诊断，应当经省、自治区、直辖市人民政府卫生行政部门批准。省、自治区、直辖市人民政府卫生行政部门应当向社会公布本行政区域内承担职业病诊断的医疗卫生机构的名单。

承担职业病诊断的医疗卫生机构应当具备下列条件：

(一) 持有《医疗机构执业许可证》；

(二) 具有与开展职业病诊断相适应的医疗卫生技术人员；

(三) 具有与开展职业病诊断相适应的仪器、设备；

(四) 具有健全的职业病诊断质量管理制度。

承担职业病诊断的医疗卫生机构不得拒绝劳动者进行职业病诊断的要求。

第四十四条　劳动者可以在用人单位所在地、本人户籍所在地或者经常居住地依法承担职业病诊断的医疗卫生机构进行职业病诊断。

第四十五条　职业病诊断标准和职业病诊断、鉴定办法由国务院卫生行政部门制定。职业病伤残等级的鉴定办法由国务院劳动保障行政部门会同国务院卫生行政部门制定。

第四十六条　职业病诊断，应当综合分析下列因素：

(一) 病人的职业史；

(二) 职业病危害接触史和工作场所职业病危害因素情况；

(三) 临床表现以及辅助检查结果等。

没有证据否定职业病危害因素与病人临床表现之间的必然联系的，应当诊断为职业病。

职业病诊断证明书应当由参与诊断的取得职业病诊断资格的执业医师签署，并经承担职业病诊断的医疗卫生机构审核盖章。

第四十七条　用人单位应当如实提供职业病诊断、鉴定所需的劳动者职业史和职业病危害接触史、工作场所职业病危害因素检测结果等资料；安全生产监督管理部门应当监督检查和督促用人单位提供上述资料；劳动者和有关机构也应当提供与职业病诊断、鉴定有关的资料。

职业病诊断、鉴定机构需要了解工作场所职业病危害因素情况时，可以对工作场所进行现场调查，也可以向安全生产监督管理部门提出，安全生产监督管理部门应当在十日内组织现场调查。用人单位不得拒绝、阻挠。

第四十八条　职业病诊断、鉴定过程中，用人单位不提供工作场所职业病危害因素检测结果等资料的，诊断、鉴定机构应当结合劳动者的临床表现、辅助检查结果和劳动者的职业史、职业病危害接触史，并参考劳动者的自述、安全生产监督管理部门提供的日常监督检查信息等，作出职业病诊断、鉴定结论。

劳动者对用人单位提供的工作场所职业病危害因素检测结果等资料有异议，或者因劳动者的用人单位解散、破产，无用人单位提供上述资料的，诊断、鉴定机构应当提请安全生产监督管理部门进行调查，安全生产监督管理部门应当自接到申请之日起三十日内对存在异议的资料或者工作场所职业病危害因素情况作出判定；有关部门应当配合。

　　第四十九条　职业病诊断、鉴定过程中，在确认劳动者职业史、职业病危害接触史时，当事人对劳动关系、工种、工作岗位或者在岗时间有争议的，可以向当地的劳动人事争议仲裁委员会申请仲裁；接到申请的劳动人事争议仲裁委员会应当受理，并在三十日内作出裁决。

　　当事人在仲裁过程中对自己提出的主张，有责任提供证据。劳动者无法提供由用人单位掌握管理的与仲裁主张有关的证据的，仲裁庭应当要求用人单位在指定期限内提供；用人单位在指定期限内不提供的，应当承担不利后果。

　　劳动者对仲裁裁决不服的，可以依法向人民法院提起诉讼。

　　用人单位对仲裁裁决不服的，可以在职业病诊断、鉴定程序结束之日起十五日内依法向人民法院提起诉讼；诉讼期间，劳动者的治疗费用按照职业病待遇规定的途径支付。

　　第五十条　用人单位和医疗卫生机构发现职业病病人或者疑似职业病病人时，应当及时向所在地卫生行政部门和安全生产监督管理部门报告。确诊为职业病的，用人单位还应当向所在地劳动保障行政部门报告。接到报告的部门应当依法作出处理。

　　第五十一条　县级以上地方人民政府卫生行政部门负责本行政区域内的职业病统计报告的管理工作，并按照规定上报。

　　第五十二条　当事人对职业病诊断有异议的，可以向作出诊断的医疗卫生机构所在地地方人民政府卫生行政部门申请鉴定。

　　职业病诊断争议由设区的市级以上地方人民政府卫生行政部门根据当事人的申请，组织职业病诊断鉴定委员会进行鉴定。

　　当事人对设区的市级职业病诊断鉴定委员会的鉴定结论不服的，可以向省、自治区、直辖市人民政府卫生行政部门申请再鉴定。

　　第五十三条　职业病诊断鉴定委员会由相关专业的专家组成。

　　省、自治区、直辖市人民政府卫生行政部门应当设立相关的专家库，需要对职业病争议作出诊断鉴定时，由当事人或者当事人委托有关卫生行政部门从专家库中以随机抽取的方式确定参加诊断鉴定委员会的专家。

　　职业病诊断鉴定委员会应当按照国务院卫生行政部门颁布的职业病诊断标准和职业病诊断、鉴定办法进行职业病诊断鉴定，向当事人出具职业病诊断鉴定书。职业病诊断、鉴定费用由用人单位承担。

　　第五十四条　职业病诊断鉴定委员会组成人员应当遵守职业道德，客观、公正地进行诊断鉴定，并承担相应的责任。职业病诊断鉴定委员会组成人员不得私下接触当事人，不得收受当事人的财物或者其他好处，与当事人有利害关系的，应当回避。

　　人民法院受理有关案件需要进行职业病鉴定时，应当从省、自治区、直辖市人民政府卫生行政部门依法设立的相关的专家库中选取参加鉴定的专家。

　　第五十五条　医疗卫生机构发现疑似职业病病人时，应当告知劳动者本人并及时通知用人单位。

　　用人单位应当及时安排对疑似职业病病人进行诊断；在疑似职业病病人诊断或者医学观察期间，不得解除或者终止与其订立的劳动合同。

　　疑似职业病病人在诊断、医学观察期间的费用，由用人单位承担。

　　第五十六条　用人单位应当保障职业病病人依法享受国家规定的职业病待遇。

用人单位应当按照国家有关规定，安排职业病病人进行治疗、康复和定期检查。

用人单位对不适宜继续从事原工作的职业病病人，应当调离原岗位，并妥善安置。

用人单位对从事接触职业病危害的作业的劳动者，应当给予适当岗位津贴。

第五十七条　职业病病人的诊疗、康复费用，伤残以及丧失劳动能力的职业病病人的社会保障，按照国家有关工伤保险的规定执行。

第五十八条　职业病病人除依法享有工伤保险外，依照有关民事法律，尚有获得赔偿的权利的，有权向用人单位提出赔偿要求。

第五十九条　劳动者被诊断患有职业病，但用人单位没有依法参加工伤保险的，其医疗和生活保障由该用人单位承担。

第六十条　职业病病人变动工作单位，其依法享有的待遇不变。

用人单位在发生分立、合并、解散、破产等情形时，应当对从事接触职业病危害的作业的劳动者进行健康检查，并按照国家有关规定妥善安置职业病病人。

第六十一条　用人单位已经不存在或者无法确认劳动关系的职业病病人，可以向地方人民政府民政部门申请医疗救助和生活等方面的救助。

地方各级人民政府应当根据本地区的实际情况，采取其他措施，使前款规定的职业病病人获得医疗救治。

第五章　监　督　检　查

第六十二条　县级以上人民政府职业卫生监督管理部门依照职业病防治法律、法规、国家职业卫生标准和卫生要求，依据职责划分，对职业病防治工作进行监督检查。

第六十三条　安全生产监督管理部门履行监督检查职责时，有权采取下列措施：

(一) 进入被检查单位和职业病危害现场，了解情况，调查取证；

(二) 查阅或者复制与违反职业病防治法律、法规的行为有关的资料和采集样品；

(三) 责令违反职业病防治法律、法规的单位和个人停止违法行为。

第六十四条　发生职业病危害事故或者有证据证明危害状态可能导致职业病危害事故发生时，安全生产监督管理部门可以采取下列临时控制措施：

(一) 责令暂停导致职业病危害事故的作业；

(二) 封存造成职业病危害事故或者可能导致职业病危害事故发生的材料和设备；

(三) 组织控制职业病危害事故现场。

在职业病危害事故或者危害状态得到有效控制后，安全生产监督管理部门应当及时解除控制措施。

第六十五条　职业卫生监督执法人员依法执行职务时，应当出示监督执法证件。

职业卫生监督执法人员应当忠于职守，秉公执法，严格遵守执法规范；涉及用人单位的秘密的，应当为其保密。

第六十六条　职业卫生监督执法人员依法执行职务时，被检查单位应当接受检查并予以支持配合，不得拒绝和阻碍。

第六十七条　卫生行政部门、安全生产监督管理部门及其职业卫生监督执法人员履行职责时，不得有下列行为：

(一) 对不符合法定条件的，发给建设项目有关证明文件、资质证明文件或者予以批准；

(二) 对已经取得有关证明文件的，不履行监督检查职责；

(三) 发现用人单位存在职业病危害的，可能造成职业病危害事故，不及时依法采取控制措施；

(四) 其他违反本法的行为。

第六十八条　职业卫生监督执法人员应当依法经过资格认定。

职业卫生监督管理部门应当加强队伍建设，提高职业卫生监督执法人员的政治、业务素质，依照本法和其他有关法律、法规的规定，建立、健全内部监督制度，对其工作人员执行法律、法规和遵守纪律的情况，进行监督检查。

第六章　法　律　责　任

第六十九条　建设单位违反本法规定，有下列行为之一的，由安全生产监督管理部门和卫生行政部门依据职责分工给予警告，责令限期改正；逾期不改正的，处十万元以上五十万元以下的罚款；情节严重的，责令停止产生职业病危害的作业，或者提请有关人民政府按照国务院规定的权限责令停建、关闭：

(一) 未按照规定进行职业病危害预评价的；

(二) 医疗机构可能产生放射性职业病危害的建设项目未按照规定提交放射性职业病危害预评价报告，或者放射性职业病危害预评价报告未经卫生行政部门审核同意，开工建设的；

(三) 建设项目的职业病防护设施未按照规定与主体工程同时设计、同时施工、同时投入生产和使用的；

(四) 建设项目的职业病防护设施设计不符合国家职业卫生标准和卫生要求，或者医疗机构放射性职业病危害严重的建设项目的防护设施设计未经卫生行政部门审查同意擅自施工的；

(五) 未按照规定对职业病防护设施进行职业病危害控制效果评价的；

(六) 建设项目竣工投入生产和使用前，职业病防护设施未按照规定验收合格的。

第七十条　违反本法规定，有下列行为之一的，由安全生产监督管理部门给予警告，责令限期改正；逾期不改正的，处十万元以下的罚款：

(一) 工作场所职业病危害因素检测、评价结果没有存档、上报、公布的；

(二) 未采取本法第二十一条规定的职业病防治管理措施的；

(三) 未按照规定公布有关职业病防治的规章制度、操作规程、职业病危害事故应急救援措施的；

(四) 未按照规定组织劳动者进行职业卫生培训，或者未对劳动者个人职业病防护采取指导、督促措施的；

(五) 国内首次使用或者首次进口与职业病危害有关的化学材料，未按照规定报送毒性鉴定资料以及经有关部门登记注册或者批准进口的文件的。

第七十一条　用人单位违反本法规定，有下列行为之一的，由安全生产监督管理部门责令限期改正，给予警告，可以并处五万元以上十万元以下的罚款：

(一) 未按照规定及时、如实向安全生产监督管理部门申报产生职业病危害的项目的；

(二) 未实施由专人负责的职业病危害因素日常监测，或者监测系统不能正常监测的；

（三）订立或者变更劳动合同时，未告知劳动者职业病危害真实情况的；

（四）未按照规定组织职业健康检查、建立职业健康监护档案或者未将检查结果书面告知劳动者的；

（五）未依照本法规定在劳动者离开用人单位时提供职业健康监护档案复印件的。

第七十二条　用人单位违反本法规定，有下列行为之一的，由安全生产监督管理部门给予警告，责令限期改正，逾期不改正的，处五万元以上二十万元以下的罚款；情节严重的，责令停止产生职业病危害的作业，或者提请有关人民政府按照国务院规定的权限责令关闭：

（一）工作场所职业病危害因素的强度或者浓度超过国家职业卫生标准的；

（二）未提供职业病防护设施和个人使用的职业病防护用品，或者提供的职业病防护设施和个人使用的职业病防护用品不符合国家职业卫生标准和卫生要求的；

（三）对职业病防护设备、应急救援设施和个人使用的职业病防护用品未按照规定进行维护、检修、检测，或者不能保持正常运行、使用状态的；

（四）未按照规定对工作场所职业病危害因素进行检测、评价的；

（五）工作场所职业病危害因素经治理仍然达不到国家职业卫生标准和卫生要求时，未停止存在职业病危害因素的作业的；

（六）未按照规定安排职业病病人、疑似职业病病人进行诊治的；

（七）发生或者可能发生急性职业病危害事故时，未立即采取应急救援和控制措施或者未按照规定及时报告的；

（八）未按照规定在产生严重职业病危害的作业岗位醒目位置设置警示标志和中文警示说明的；

（九）拒绝职业卫生监督管理部门监督检查的；

（十）隐瞒、伪造、篡改、毁损职业健康监护档案、工作场所职业病危害因素检测评价结果等相关资料，或者拒不提供职业病诊断、鉴定所需资料的；

（十一）未按照规定承担职业病诊断、鉴定费用和职业病病人的医疗、生活保障费用的。

第七十三条　向用人单位提供可能产生职业病危害的设备、材料，未按照规定提供中文说明书或者设置警示标志和中文警示说明的，由安全生产监督管理部门责令限期改正，给予警告，并处五万元以上二十万元以下的罚款。

第七十四条　用人单位和医疗卫生机构未按照规定报告职业病、疑似职业病的，由有关主管部门依据职责分工责令限期改正，给予警告，可以并处一万元以下的罚款；弄虚作假的，并处二万元以上五万元以下的罚款；对直接负责的主管人员和其他直接责任人员，可以依法给予降级或者撤职的处分。

第七十五条　违反本法规定，有下列情形之一的，由安全生产监督管理部门责令限期治理，并处五万元以上三十万元以下的罚款；情节严重的，责令停止产生职业病危害的作业，或者提请有关人民政府按照国务院规定的权限责令关闭：

（一）隐瞒技术、工艺、设备、材料所产生的职业病危害而采用的；

（二）隐瞒本单位职业卫生真实情况的；

（三）可能发生急性职业损伤的有毒、有害工作场所、放射工作场所或者放射性同位素的运输、贮存不符合本法第二十六条规定的；

(四) 使用国家明令禁止使用的可能产生职业病危害的设备或者材料的；

(五) 将产生职业病危害的作业转移给没有职业病防护条件的单位和个人，或者没有职业病防护条件的单位和个人接受产生职业病危害的作业的；

(六) 擅自拆除、停止使用职业病防护设备或者应急救援设施的；

(七) 安排未经职业健康检查的劳动者、有职业禁忌的劳动者、未成年工或者孕期、哺乳期女职工从事接触职业病危害的作业或者禁忌作业的；

(八) 违章指挥和强令劳动者进行没有职业病防护措施的作业的。

第七十六条　生产、经营或者进口国家明令禁止使用的可能产生职业病危害的设备或者材料的，依照有关法律、行政法规的规定给予处罚。

第七十七条　用人单位违反本法规定，已经对劳动者生命健康造成严重损害的，由安全生产监督管理部门责令停止产生职业病危害的作业，或者提请有关人民政府按照国务院规定的权限责令关闭，并处十万元以上五十万元以下的罚款。

第七十八条　用人单位违反本法规定，造成重大职业病危害事故或者其他严重后果，构成犯罪的，对直接负责的主管人员和其他直接责任人员，依法追究刑事责任。

第七十九条　未取得职业卫生技术服务资质认可擅自从事职业卫生技术服务的，或者医疗卫生机构未经批准擅自从事职业病诊断的，由安全生产监督管理部门和卫生行政部门依据职责分工责令立即停止违法行为，没收违法所得；违法所得五千元以上的，并处违法所得二倍以上十倍以下的罚款；没有违法所得或者违法所得不足五千元的，并处五千元以上五万元以下的罚款；情节严重的，对直接负责的主管人员和其他直接责任人员，依法给予降级、撤职或者开除的处分。

第八十条　从事职业卫生技术服务的机构和承担职业病诊断的医疗卫生机构违反本法规定，有下列行为之一的，由安全生产监督管理部门和卫生行政部门依据职责分工责令立即停止违法行为，给予警告，没收违法所得；违法所得五千元以上的，并处违法所得二倍以上五倍以下的罚款；没有违法所得或者违法所得不足五千元的，并处五千元以上二万元以下的罚款；情节严重的，由原认可或者批准机关取消其相应的资格；对直接负责的主管人员和其他直接责任人员，依法给予降级、撤职或者开除的处分；构成犯罪的，依法追究刑事责任：

(一) 超出资质认可或者批准范围从事职业卫生技术服务或者职业病诊断的；

(二) 不按照本法规定履行法定职责的；

(三) 出具虚假证明文件的。

第八十一条　职业病诊断鉴定委员会组成人员收受职业病诊断争议当事人的财物或者其他好处的，给予警告，没收收受的财物，可以并处三千元以上五万元以下的罚款，取消其担任职业病诊断鉴定委员会组成人员的资格，并从省、自治区、直辖市人民政府卫生行政部门设立的专家库中予以除名。

第八十二条　卫生行政部门、安全生产监督管理部门不按照规定报告职业病和职业病危害事故的，由上一级行政部门责令改正，通报批评，给予警告；虚报、瞒报的，对单位负责人、直接负责的主管人员和其他直接责任人员依法给予降级、撤职或者开除的处分。

第八十三条　县级以上地方人民政府在职业病防治工作中未依照本法履行职责，本行政区域出现重大职业病危害事故、造成严重社会影响的，依法对直接负责的主管人员和其他直接责任人员给予记大过直至开除的处分。

县级以上人民政府职业卫生监督管理部门不履行本法规定的职责，滥用职权、玩忽职守、徇私舞弊，依法对直接负责的主管人员和其他直接责任人员给予记大过或者降级的处分；造成职业病危害事故或者其他严重后果的，依法给予撤职或者开除的处分。

第八十四条　违反本法规定，构成犯罪的，依法追究刑事责任。

第七章　附　　则

第八十五条　本法下列用语的含义：

职业病危害，是指对从事职业活动的劳动者可能导致职业病的各种危害。职业病危害因素包括：职业活动中存在的各种有害的化学、物理、生物因素以及在作业过程中产生的其他职业有害因素。

职业禁忌，是指劳动者从事特定职业或者接触特定职业病危害因素时，比一般职业人群更易于遭受职业病危害和罹患职业病或者可能导致原有自身疾病病情加重，或者在从事作业过程中诱发可能导致对他人生命健康构成危险的疾病的个人特殊生理或者病理状态。

第八十六条　本法第二条规定的用人单位以外的单位，产生职业病危害的，其职业病防治活动可以参照本法执行。

劳务派遣用工单位应当履行本法规定的用人单位的义务。

中国人民解放军参照执行本法的办法，由国务院、中央军事委员会制定。

第八十七条　对医疗机构放射性职业病危害控制的监督管理，由卫生行政部门依照本法的规定实施。

第八十八条　本法自 2002 年 5 月 1 日起施行。